HEIMUER ZAIPEI
SHIYONG JISHU

黑木耳
栽培实用技术

—— 池美娜　贺国强　主编 ——

中国农业出版社

农村读物出版社

北京

《黑木耳栽培实用技术》
编 写 人 员

主　　编：池美娜　　贺国强

参编人员：赵恩永　　季占军　　朱鹏浩

前言
FOREWORD

我国成为世界上黑木耳生产和消费的第一大国，产量占世界总产量的 90% 以上。人类对黑木耳的认识、利用和栽培起源于我国，可以追溯到公元 600 年前后。和其他野生菌一样，最初人们主要采集野生黑木耳，后来逐渐发明了砍花法栽培黑木耳。过去黑木耳生产技术水平低，产量较少，所以一直被视为不可多得的山珍。直到 20 世纪七八十年代，随着菌丝纯培养方法的建立和不断普及，实现了黑木耳、香菇等的段木栽培方法，黑木耳种植才有了量的跨跃。特别是代料栽培模式的发明，更进一步地促进了黑木耳产量的提升。尤其是 90 年代以后随着东北农村经济的发展和国家对农业支持力度的加大，促进了黑木耳产业的飞速发展。近年来我国黑木耳产业发展迅猛，据中国食用菌协会统计，2016 年我国黑木耳产量达 675 万吨，已成为食用菌产量第二位的菇种。

随着黑木耳产业的发展，黑木耳种植技术可以说是日新月异，种植模式也是多种多样。涌现出了很多优良品种和一些新技术、新名词，如茶叶耳、小碗耳等。鉴于以上原因，笔者认为有必要把在生产一线工作中总结出来的一些经验与黑木耳种植者分享，这是我们编写本书的初衷。

本书重点介绍了黑木耳的生物学特性、菌种制备、菌袋（棒）制作、出耳管理、病虫害防治等方面的内容。同时还介绍了黑木耳的大棚吊袋栽培、长袋立架栽培、段木栽培等3种栽培模式。

本书编写过程中，结合了笔者多年从事黑木耳栽培技术推广工作的心得，尤其是吸收了黑木耳主产区的种植经验。因而本书的编写以实用性、指导性强为原则，不单纯讲理论，更重要的是实践技术，力求做到深入浅出、通俗易懂，希望在广大菇农种菇致富中助一臂之力。

由于编写时间紧迫，加之水平有限，错误与疏漏之处在所难免，敬请同行与广大读者批评指正。

编　者

2019 年 1 月

目　录
CONTENTS

前言

第一章　绪论 ……………………………………………… 1

一、黑木耳栽培历史 ……………………………………… 1

二、黑木耳产业发展现状 ………………………………… 2

三、黑木耳营养价值及药用价值 ………………………… 3

第二章　黑木耳的生物学基础 …………………………… 8

一、概述 …………………………………………………… 8

二、黑木耳的生物学特性 ………………………………… 9

三、黑木耳的生长习性 …………………………………… 12

四、黑木耳的地理分布 …………………………………… 12

五、黑木耳生长发育所需要的外界条件 ……………… 13

第三章　黑木耳菌种 ……………………………………… 17

一、黑木耳菌种的分级 …………………………………… 17

二、菌种选购及使用注意事项 …………………………… 19

三、菌种的制备 …………………………………………… 19

四、黑木耳液体菌种及其制备 …………………………… 34

第四章　黑木耳生产的设备及生产物资 ……………… 43

一、生产设备 ……………………………………………… 43

二、黑木耳生产所需原材料 ……………………………… 56

三、黑木耳生产所需物资 ………………………………… 60

第五章　黑木耳菌袋（菌棒）制作 …………………… 66

一、常用培养料配方 ……………………………………… 66

二、拌料 …………………………………………………… 67

三、装袋 …………………………………………………… 69

四、灭菌 …………………………………………………… 71

五、接种 …………………………………………………… 72

六、养菌 …………………………………………………… 73

第六章　出耳管理 …………………………………… 75

一、开口 …………………………………………………… 75

二、催芽 …………………………………………………… 78

三、分床 …………………………………………………… 81

四、育耳 …………………………………………………… 82

五、采收 …………………………………………………… 85

六、干制 …………………………………………………… 87

第七章　黑木耳生产中的病虫害及其防治 ………… 91

一、食用菌病虫害的分类 ………………………………… 91

二、食用菌病虫害的发生原因及危害 …………………… 91

三、常见生理性病害 ……………………………………… 92

四、常见非生理性病害 …………………………………… 98

五、常见虫害 …………………………………………… 111

六、食用菌病虫害防治的原则 ………………………… 112

第八章　黑木耳大棚吊袋栽培模式 ………………… 113

一、栽培准备 …………………………………………… 113

二、吊袋栽培流程及管理 ……………………………… 116

第九章　春耳秋管技术 …………………………………… 120

一、技术优势 ……………………………………………… 120

二、管理技术要点 ………………………………………… 120

第十章　黑木耳长袋立架栽培模式 …………………… 122

一、栽培季节安排 ………………………………………… 122

二、栽培流程及管理 ……………………………………… 123

第十一章　段木黑木耳栽培技术 ……………………… 130

一、耳场选择 ……………………………………………… 130

二、耳树的准备 …………………………………………… 131

三、人工接种 ……………………………………………… 134

四、培养管理 ……………………………………………… 137

五、越冬管理 ……………………………………………… 142

附录 ………………………………………………………… 143

黑木耳生产口诀 …………………………………………… 143

参考文献 …………………………………………………… 146

第一章

绪　论

一、黑木耳栽培历史

我国栽培黑木耳历史悠久。黑木耳是世界上第一个人工栽培的食用菌种类。其驯化栽培在公元600年前后起源于我国，至今已有1400多年的历史。唐朝川北大巴山、米仓山、龙门山一带以及湖北房县的山民，就采用原木砍花法种植黑木耳。这种原始种植方法持续了上千年。清朝我国东北长白山、河南伏牛山等地也开始种植黑木耳，方法是：入冬三九天将落叶树伐倒，依靠黑木耳孢子自然传播繁育。这种原木砍花种植黑木耳的方法基本是靠天收耳，产量极低。

1955年，我国科技工作者开始培育黑木耳固体纯菌种，发明了段木打孔接种法，这种方法使段木栽培黑木耳的产量大大提高。每根1米长、直径为10~13厘米的优质段木，3年产100~150克黑木耳。这一技术的应用使得黑木耳走上了产业化发展的道路，各大林区都开始了段木黑木耳的生产。

但是由于段木栽培黑木耳需要两三年完成一个周期，绝对产量仍不高，难以满足人们对黑木耳的消费需求。加之我国近年来对林木资源的保护，段木资源越来越稀有，急需一种替代段木做生产原料的生产方式。20世纪80年代，人们发明了料柱法栽培黑木耳，并尝试使用木屑代替段木栽培黑木耳取得成功，代料栽培黑木耳兴起。之后，黑木耳生产量突飞猛进。栽培原料扩展到棉籽壳、木屑、甘蔗渣等，栽培区域不断扩展，逐渐摆脱了林区的限制。段木黑木耳栽培方法至今仅被林区极少数耳农延用。

二、黑木耳产业发展现状

目前我国黑木耳无论是产量还是质量均居世界之首，是我国出口的拳头商品，尤其在东南亚各国享有很高声誉。随着我国加入世界贸易组织，黑木耳与香菇等食用菌产品已成为我国优势出口产品。出口目的地从日本、新加坡、泰国等亚洲国家逐步扩展到东欧、西欧、北美等地。

（一）我国黑木耳在国际上的地位

我国是黑木耳生产和出口的最大国，全球约95％黑木耳产自我国。

（二）我国黑木耳发展趋势

1. **产量不断增加**　据中国食用菌协会统计，2007 年我国黑木耳产量约为 14.40 万吨，在全球约 15 万吨（干品）总产量中占比约为 96％。2013 年全国食用菌总产量达 3 169.68 万吨，产值 2 017.9 亿元，产量、产值均持续呈现增长态势。其中黑木耳产量 556.39 万吨，占比 17.55％，位居第三。2014 年全国食用菌总产量为 3 270 万吨，产值 2 258.1 亿元，其中黑木耳产量为 579 万吨，仅次于香菇、平菇，位列第三。2015 年全国食用菌总产量为 3 476.15 万吨，产值 2 516.38 亿元，其中黑木耳产量为 624.69 万吨，仅次于香菇，位列第二。2016 年全国黑木耳总产量为 679.54 万吨，相比 2015 年总产量 624.69 万吨上涨 8.78％。2017 年全国黑木耳总产量为 751.85 万吨，较 2016 年增加 10.64％，占当年食用菌总产量（3 712 万吨）的 20.25％，依然仅次于香菇，位列第二（表1-1）。

表1-1 2012—2017年全国黑木耳产量

年份 （年）	黑木耳产量 （万吨）	食用菌总产量 （万吨）	占比 （％）	较上年增 加幅度（％）	菇种名次
2012	475.4	2 827.99	16.81	—	3
2013	556.39	3 169.68	17.55	17.04	3
2014	579	3 270	17.71	4.06	2
2015	624.69	3 476.15	17.97	7.89	2
2016	679.54	3 596.66	18.89	8.78	2
2017	751.85	3 712	20.25	10.64	2

2. **产区集中** 目前我国有26个省份种植黑木耳，其中黑龙江、吉林、河南等11个省份为黑木耳的主产区。我国黑木耳优势产区主要分布在东北林区、华中和华东丘陵平原和东部林区。其中，黑龙江省2016年产量达到328.89万吨，居全国黑木耳产量的首位；东北三省黑木耳产量占全国产量的68％。

3. **呈现"北耳南扩"趋势** 我国黑木耳的传统产区主要有东北地区、浙江丽水地区、湖北房县等地。随着近几年黑木耳市场需求的增长，各地产业扶贫政策的推动，我国黑木耳（尤其是代料生产）生产呈现出"北耳南扩"的趋势。我国华北、西南地区黑木耳生产量在逐年增加。

三、黑木耳营养价值及药用价值

黑木耳是著名的山珍，可食、可药、可补，是中国老百姓餐桌上久食不厌的食材，有"素中之荤"的美誉，被称为"中餐中的黑色瑰宝"。

（一）黑木耳的成分

黑木耳含木耳多糖。木耳多糖是从子实体分离的一种多糖，相对分子质量为 155 000，由 L-岩藻糖、L-阿拉伯糖、D-木糖、D-甘露糖、D-葡萄糖、葡萄糖醛酸等组成。

黑木耳含腺苷。腺苷为水溶性低分子物质，是一种强效血小板聚集抑制剂。此外，黑木耳还含有几种分子质量小于 10 000 道尔顿的水溶性且耐热的物质，也有类似抑制血小板凝集功能的活性物质。

黑木耳子实体中分离到木耳黑色素，是一种呈色的多糖肽，由葡萄糖、甘露糖、半乳糖、岩藻糖和一条短肽链组成，这些成分解离为单糖体时不呈色，能溶于水，具有增强机体免疫功能的生理活性。从木耳子实体中分离出的黑刺菌素有抗真菌作用。干木耳所含磷脂为卵磷脂、脑磷脂及鞘磷脂；甾醇主要是麦角甾醇和 22，23-二氢麦角甾醇。此外，黑木耳还含多种具有生理活性的矿质元素和维生素，尤以富含铁元素而著名。

（二）黑木耳的营养价值

经化验分析，黑木耳富含蛋白质、脂肪、粗纤维、糖类，还含有胡萝卜素、核黄素、硫胺素等。

黑木耳含有丰富的蛋白质、铁、钙、维生素、粗纤维，是一种味道鲜美、营养丰富的食用菌，因此被营养学家誉为"素中之荤"和"素中之王"。例如每 100 克黑木耳中含铁 185 毫克，比绿叶蔬菜中含铁量最高的菠菜高出 20 倍，比动物性食品中含铁量最高的猪肝还高出约 7 倍，是各种荤素食品中含铁量最多的。其蛋白质含量和肉类相当，钙含量是肉类的 20 倍，维生素 B_2 含量是蔬菜的 10 倍以上。黑木耳还含有多种有益氨基酸和微量元素。

（三）黑木耳的药用价值

1. 我国传统医学对黑木耳的药用价值的认识　黑木耳味甘、平，无毒。入胃经、肝经、大肠经，能补气血，止出血，润肺益胃，润燥利肠，舒筋活络。治疗血虚气亏、肺虚咳嗽、咯血、吐血、衄血、产后虚弱、白带过多、崩漏、血痢、肠风痔血、便秘和跌打损伤等症。

2. 现代医学对黑木耳的药用研究

（1）对血液系统的影响

① 抗血栓形成。对家兔和豚鼠的体外取血试验表明，黑木耳多糖可显著延长特异性血栓形成时间和纤维蛋白血栓形成时间，缩短血栓长度，减轻血栓量。

② 升白细胞。黑木耳多糖注射小鼠，有较好的对抗环磷酰胺引起的白细胞下降的作用。

③ 抗凝血作用。以碱提法得到的黑木耳多糖抗凝血活性最高。研究表明，黑木耳多糖对凝血酶原作用时间无影响，可能通过影响内源性凝血系统发挥作用。黑木耳所含的腺苷及相关的水溶性低分子物质，可明显延长凝血酶原作用时间，抑制血小板聚集，是一种强效血小板聚集抑制剂；还可被小肠完整无损地吸收，不同于一般的血小板凝集抑制剂，其不影响花生四烯酸合成凝血噁烷，不抑制血小板环氧化酶的功能。

④ 降血脂。黑木耳多糖可明显降低健康新西兰白兔血液中血清总胆固醇含量、低密度脂蛋白胆固醇含量，升高高密度脂蛋白胆固醇含量以及减少脂质过氧化物丙二醛含量，提高超氧化物歧化酶的活力，并缩小已形成的动脉粥样硬化斑块。对高脂模型小鼠的研究也表明，黑木耳多糖能明显降低高脂症小鼠血管中游离总胆固醇、甘油三脂、低密度脂蛋白胆固醇含量，升高高密度脂蛋白胆固醇含量，从而减轻小鼠高胆固醇发病症状。

(2) 延缓衰老 30 天连续腹腔注射黑木耳多糖可使小鼠心肌组织脂褐素含量降低 25%～30%，从而延缓衰老。黑木耳多糖还具有一定的抗氧化能力，可明显增加超氧化物歧化酶活力，清除超氧化阴离子，抑制 Fe^{2+} － L -半胱氨酸所导致的小鼠肝、脑线粒体脂质过氧化产物丙二醛（MDA）的生成，从而抑制线粒体肿胀。

(3) 抗辐射 黑木耳多糖能够消除由环磷酰胺所致的小鼠白细胞下降，这种作用优于银耳多糖。黑木耳多糖还显著对抗 ^{60}Coγ 射线照射引起的小鼠骨髓微核率增加，表明其抗突变作用显著。

(4) 抗溃疡作用 黑木耳多糖可以明显抑制大鼠应激型胃溃疡的形成，并且能不影响胃酸分泌和胃蛋白酶活性而促进醋酸型胃溃疡的愈合。

(5) 降血糖 用黑木耳多糖注射小鼠，可产生随剂量增大而增强的降血糖作用，明显增强小鼠的胰岛素分泌水平。黑木耳多糖还能明显降低四氧嘧啶糖尿病小鼠的血糖，使试验小鼠的葡萄糖耐受量及耐受曲线得到明显改善，并且减少了糖尿病小鼠的饮水量。

(6) 抗癌、抗突变 黑木耳热水提取物对瑞士小鼠肉瘤 S180 抑制率为 42.5%～70%，对艾氏腹水癌抑制率为 80%。以黑木耳多糖 200 毫克/（千克·天），连续 10 天腹腔注射小鼠，有消除环磷酰胺所致小鼠骨髓微核率增加的作用。

(7) 抗菌 黑木耳中分离的黑刺菌素有抗真菌作用。

(8) 对组织损伤有保护作用 黑木耳多糖有明显增强核酸和蛋白质代谢的作用，能增加肝微粒体含量，促进血清蛋白质的生物合成，增强机体抗病能力，对机体损伤有保护作用。

(9) 改善心肌缺氧 黑木耳多糖能延长小鼠常压耐缺氧试验的生存时间，提高生存率，表明黑木耳多糖在改善缺血心肌对氧的供求失调上有一定的作用。

（10）**提高机体免疫功能**　黑木耳多糖可明显增强小鼠机体体液免疫力和细胞免疫力，突出表现在增加脾脏重量和脾指数、半数溶血值、E-玫瑰花结形成率，促进巨噬细胞功能和增加淋巴细胞转化率、外周血细胞因子表达量。

第二章
黑木耳的生物学基础

一、概述

黑木耳是寄生于枯木上的一种菌类，又称为木耳、光木耳、云耳、木蛾、木鸡、耳子、黑菜等（图2-1）。

图2-1 野生黑木耳

（一）黑木耳的分类地位

黑木耳在分类学上，属于真菌门，担子菌纲，异担子菌亚纲，银耳目，木耳科，木耳属。学名为 *Auricularia auricula* (L. ex Hook.) Underwood。木耳属中有十多个种，如黑木耳、毛木耳、皱木耳、毡盖木耳、角质木耳、盾形木耳等。这几种木耳唯有黑木耳质地肥嫩，味道鲜美，有山珍之称。

北京林业大学微生物研究所的吴芳和戴玉成重新定义了黑木耳的分类地位及种类名称，认为我国广泛分布和栽培的黑木耳与欧洲的 *Auricularia auricular - judae* 不同，实际上是一个新种。

(二) 黑木耳品种研究

目前我国还没有建立系统完善的食用菌品种登记制度。利用形态学方法和生物化学方法对 23 个东北地区广泛栽培的黑木耳菌株进行分类鉴定研究，结果表明酯酶同工酶电泳是一种可行的黑木耳菌株分类鉴定方法；可溶性蛋白电泳虽然分类不很细致，但与酯酶同工酶电泳方法结合使用能提高分类的准确性；过氧化物酶同工酶胞内酶聚丙烯酰胺凝胶电泳方法，不适合用于黑木耳菌属的分类鉴定。

二、黑木耳的生物学特性

黑木耳是一种胶质菌，其形态结构是由菌丝体和子实体两部分组成。菌丝体无色透明，是由许多具横隔和分枝的管状菌丝组成，它生长在朽木或其他基质里面，分解木质素和纤维素，为其提供能量和生长物质，是黑木耳的营养器官。子实体侧生在木材或培养料的表面，是黑木耳的繁殖器官，也是人们食用的部分。子实体生长最初时呈一个黑色的小点，逐渐发育长大形似一只小杯子，然后在不断的生长发育中舒展成波浪耳状的个体。腹面凹而光滑，有脉纹，背面凸起，边缘稍上卷，整个外形颇似人耳，故此得名。

(一) 形态特征

菌丝发育到一定阶段扭结成子实体。子实体新鲜时，是胶质状，半透明，深褐色，有弹性。干燥后收缩成角质，腹面平滑呈漆黑色，有短绒毛。干耳富含胶原物质，吸水后仍可恢复原状。子实体（耳片）在成熟期产生担孢子。担孢子无色透明，腊肠形或肾状，光滑，着生在耳片腹面；耳片成熟干燥后，担孢子脱落，通过气流传播，繁殖后代。

1. 菌丝体　菌丝体无色透明，具横隔和多分枝的管状结构。菌丝空间充满胶状物质，使它具有对干湿气候剧烈变化的适应能力。

2. 子实体　子实体是由菌丝交织而成。初时圆锥形、黑灰色、半透明。逐渐长大呈杯状，而后又渐变为叶状、波浪状或耳状。多个耳片连在一起可呈菊花状。新鲜时半透明，胶质，有弹性，基部狭细，近无柄，直径一般为4～10厘米，大的可达12厘米，厚度0.8～1.2毫米；干燥后强烈收缩成角质，硬而脆，黑色、褐色或黄色等。子实体背面凸起，青褐色，密生柔软而短的绒毛。腹面一般下凹，边缘上卷起，多曲皱，表面平滑或有脉络状皱纹，呈深褐色至黑色。腹面有子实层，担子长在其中。担子圆筒形，（50～60）微米×（5～6）微米。每个担子长4个担孢子。担孢子为肾形或腊肠形，（9～14）微米×（5～6）微米，无色透明。担孢子暴露于空气中，无色透明，担孢子多的时候，在潮湿的气候条件下，形成白糊糊的一层。当子实体干燥时，担孢子就像白霜一样贴附在腹面上。

（二）黑木耳的生活史

黑木耳的生长发育是由担孢子—菌丝体—子实体—担孢子组成的一个生活周期或称为一个世代（图2-2）。

1. 黑木耳的有性周期　黑木耳的有性繁殖，是以异宗结合的方式进行的，必须由不同交配型的菌丝结合才能完成其生活史。黑木耳是异宗结合的两极性的交配系统，由单因子控制，具有"＋""－"不同性别的担孢子，其性别是受一对遗传因

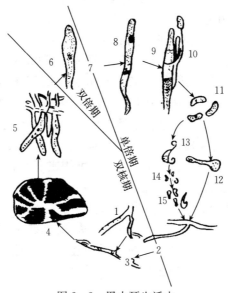

图 2-2　黑木耳生活史

1. 单核菌丝　2. 双核菌丝　3. 锁状联合　4. 担子果　5. 幼双核担子　6. 核配

7. 减数分裂　8. 幼担子　9. 成熟担子　10. 担孢子　11. 上担子　12. 下担子

13. 担孢子产生横隔膜　14. 担孢子发芽产生分生孢子　15. 脱落下的马蹄形分生孢子

子所控制。不同性别的担孢子在适宜条件下萌发后，产生单核菌丝或形成镰刀状分生孢子，由分生孢子再萌发形成单核菌丝。这种菌丝称为初生菌丝。单核菌丝和担孢子的性别是一致的。

初生菌丝初期多核，很快产生分隔，把菌丝分成多个单核细胞。当各带有"＋""－"的两条单核菌丝结合进行质配后，产生双核化的次生菌丝，也叫双核菌丝。

次生菌丝的每一个细胞中都含两个性质不同的核，双核菌丝通过锁状联合，使分裂的两个子细胞都含有与母细胞同样的双核。它比初生菌丝粗壮，生长速度快，生活力强。人工培育的菌种就是次生菌丝。

次生菌丝从周围环境大量吸收养料和水分，迅速繁殖，菌丝交互缠绕，生长在基质中的密集菌丝构成了肉眼可见的白色绒毛就是菌丝体。经过一定时间，菌丝体达到生理成熟阶段，逐渐向繁殖体的子实体转化，在基质表面形成大量子实体原基。通过从基质中吸收养分和水分，逐渐形成胶状而富有弹性的黑木耳子实体。

发育成熟的子实体，在其腹面产生棒状担子。担子又从排列的 4 个细胞侧面伸出小枝，小枝上再生成担孢子。担孢子经过子实体上特殊的弹射器官被弹离子实体，借风力飘散，找到适宜的基质又重新开始一代新的生活史。这就构成了黑木耳的有性生活周期。在适宜的条件下，整个一代生活史需要 60～90 天完成。

2. **黑木耳的无性周期**　黑木耳除了上述的有性生活周期外，还有单核菌丝和双核菌丝的无性生活周期。双核菌丝能断裂形成双核分生孢子或脱双核化形成单核分生孢子，它们在条件适宜时，都能分别萌发成单核菌丝或双核菌丝，进入上述有性生活周期。

三、黑木耳的生长习性

黑木耳属木腐菌，野生的多生长于栎、杨、榕、槐等 120 多种阔叶树的腐木上，单生或群生。一般在气温达到 10 ℃以上、雨水充足的季节发生。人工栽培以段木和代料的形式为主。

四、黑木耳的地理分布

黑木耳在我国很多地区都有野生分布。野生黑木耳主要分布在大兴安岭和小兴安岭林区、秦巴山脉、伏牛山脉等。

中国是黑木耳的主要生产国，产区主要分布在黑龙江、吉林、辽宁、内蒙古、河南、浙江、广西、云南、贵州、四川、湖北和陕西等地，其中黑龙江省牡丹江市海林、东宁和吉林省蛟河市黄松甸镇是中国最大的黑木耳生产基地。

五、黑木耳生长发育所需要的外界条件

黑木耳在生长发育过程中，所需要的外界条件主要是营养、温度、水分、光照、空气和酸碱度。对黑木耳生长发育影响较大的因素为水分和光照。

(一) 营养

黑木耳生长对养分的要求以糖类（如葡萄糖、蔗糖、淀粉、纤维素、半纤维素等）、木质素和含氮物质（如氨基酸、蛋白胨等）为主，还需要少量的无机盐类，如钙、磷、铁、钾、镁等。

1. **碳源**（主料） 黑木耳是一种腐生性很强的木腐菌，菌丝体通过分解枯死的树木和其他基质摄取所需养分，供给子实体生长需要。黑木耳的菌丝体在生长发育过程中，本身不断分泌多种酶，将木材中复杂的有机物如纤维素、木质素和淀粉等分解成简单的和易被吸收利用的营养物质。树木中所含的养分基本上能满足黑木耳生长发育所需。人工栽培黑木耳的主要原材料以木屑为主，一般的阔叶杂木木屑都可以作为主料，在东北一般以柞树木屑为主要原料。柞木资源缺乏的地区白桦、榛树等经粉碎后也可以作为主料使用。还有在果品主产区枣、苹果、板栗、核桃等树木经粉碎后也可以作为黑木耳人工种植的主要原材料。另外，近几年随着森林资源的减少，有人用农业生产的下脚料代替部分木屑进行栽培试验也取得了不错的效果，如棉籽皮、玉米芯、大豆秸秆等。

2. **氮源**（辅料） 黑木耳菌丝虽然在纯木屑上可以生长并结出子实体，但为了增加产量，人工生产中要加入一部分辅料以增加培养料的营养，使菌丝生长旺盛。常用的有麦麸、谷糠、豆粕等。

3. 矿质元素 矿质元素是食用菌生命活动的重要营养物质之一，或调节菌体细胞渗透压、pH、氧化还原电位，或作为酶、辅酶的组成部分。食用菌所需的矿质元素包括磷、钾、硫、钙、镁等大量元素和铁、钴、锰、锌、钼、硼等微量元素。黑木耳生产中，在配制培养基时要注意添加磷、钾、硫、钙、镁等大量元素。这些元素可以从磷酸二氢钾、硫酸镁、石膏、石灰等化合物中获得，使用浓度以 100～500 毫克/升为宜。

4. 维生素类 维生素是各种酶的活性成分，对于生命活动至关重要。在所有维生素中，以 B 族维生素和维生素 H 对菌类生长影响最大。维生素 B_1、维生素 B_2 是食用菌必需的生长素。一般菌丝可以从麸皮、谷糠、玉米粉等有机物中获得维生素，因而不需要额外专门添加。

(二) 温度

黑木耳属中温型菌类。孢子萌发要求温度在 22～32 ℃。菌丝体在 15～36 ℃均能生长发育，但以 22～32 ℃为最适宜，在 14 ℃以下和 38 ℃以上受到抑制。黑木耳菌丝对温度的适应范围较广，在木头中的黑木耳菌丝对于短期的高温和低温都有相当强的抵抗力。因此，在严寒的冬季也不致冻死，短时间的温度急剧变化也不影响生活力。黑木耳的子实体在 15～32 ℃都可以形成和生长发育，但以 22～28 ℃下生长的耳片大、肉厚、质量好，28 ℃以上生长的木耳肉稍薄、色淡黄、质量差，15～22 ℃下生长的木耳虽然肉厚、色黑、质量好，但生长缓慢，影响产量。

(三) 水分

水分是黑木耳生长发育的重要影响因素之一。黑木耳菌丝体和子实体在生长发育中都需要大量的水分，但两者的需要量有所不同。在同样的适宜温度下，菌丝体在低湿情况下发展定殖较快，子实体在高湿情况下发展迅速。因此，在接种时，要求耳木的含水量为 $60\%\sim70\%$，代用料培养基的含水量为 65%，这样有利于菌丝的定殖。子实体的生长发育，除保持相应的耳木内含水量外，对空气湿度要求也较高，当空气相对湿度低于 70% 时，子实体不易形成，保持 $90\%\sim95\%$ 的空气相对湿度，子实体生长发育最快，耳丛大，耳肉厚。虽然子实体阶段需要较高的水分，但要干湿结合，还要根据温度高低，适当给以喷雾。温度适宜时，栽培场空气的相对湿度可达到 $85\%\sim95\%$，这样子实体的生长发育比较迅速。温度较低时，不能过多地给予水分，否则会造成烂耳。总之，培养菌丝阶段要保持干燥；子实体生长要湿润，而且要干干湿湿，不断交替。

（四）光照

黑木耳菌丝不含叶绿体，不能进行光合作用，营腐生生活，在光线微弱的阴暗环境中菌丝和子实体都能生长。但是，光线对黑木耳子实体原基的形成有促进作用，在黑暗或微弱的光照条件下，菌丝可以形成子实体原基，但子实体发育不良，质薄呈浅褐色，且耳片不易张开。当有一定的散射光时，耳片才展开，形成子实体。根据经验，耳场有一定的直射光时，所长出的黑木耳既厚硕又黝黑，而阴暗无直射光的耳场，长出的黑木耳肉薄、色淡、缺乏弹性。需要注意的是，黑木耳虽然对直射光的忍受能力较强，但必须给以适当的湿度，不然会使耳片萎缩干燥，停止生产，影响产量。因此，在生产管理中，最好给耳场创造一种"三分阴，七分阳"的光照条件，促使子实体迅速发育成长。

（五）氧气

黑木耳是一种好气性真菌，在菌丝体和子实体的形成、生长、发育过程中，不断进行着呼吸作用。因此，要保持栽培场所内空气流通，以保证黑木耳的生长发育对氧气的需要。在制种时，瓶装培养料不宜太满，袋装培养料不宜太紧，要留有空隙，培养料的含水量不宜过多，以保持良好的通透性，有利于菌丝生长。养菌和出耳时规避郁闭环境，避免烂耳和杂菌蔓延。

由于不能解决黑木耳生长发育对光照和通风的需求，目前黑木耳无法实现工厂化生产。

（六）酸碱度（pH）

黑木耳适宜在微酸性的环境中生活，菌丝在 pH4～7 的范围内都能正常生长，以 pH 5.5～6.5 为最好。一般段木栽培黑木耳很少考虑这一因素，因为段木经过架晒发菌，段木内已经形成了微酸性环境。但在菌种分离、菌种培养及代料栽培中，这是一个不能忽视的问题，必须把培养基（料）的 pH 调到适宜程度。代料栽培时，先将 pH 调到适宜范围偏碱一点，通过灭菌及菌丝生长过程，即可达到最适宜的酸碱程度。

第三章
黑 木 耳 菌 种

一、黑木耳菌种的分级

黑木耳菌种一般分为母种、原种和栽培种三级，以下分别做详细介绍。

（一）母种

母种是指从黑木耳耳片和耳木中分离出来的菌丝，也叫作试管种或一级种，一般以试管作为盛装容器（图3-1）。

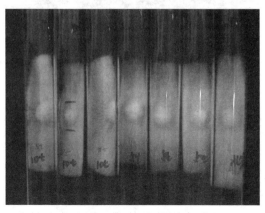

图3-1 黑木耳母种

（二）原种（二级种）

原种是指把母种扩大到锯末、谷粒等培养基上进行培养产生的菌丝，也叫二级种，一般用菌种瓶或塑料袋为盛装容器（图3-2）。以菌种的生长介质分为固体菌种和液体菌种，固体菌种中又以培养基材料不同分为木屑种、枝条种、谷粒（料）种等。

（三）栽培种（出菇袋）

栽培种也称为三级种，也就是最终的出耳菌种，以塑料袋为主要盛装容器（图3-3）。

图3-2 黑木耳原种

图3-3 黑木耳栽培种

注意：黑木耳和别的菇种不一样，属于三级种出菇，所以在生产中一般以二级种作为菌种使用，严禁盲目转代，以免造成损失。

二、菌种选购及使用注意事项

在所有的食用菌生产过程中，都会涉及菌种选购和制作这一过程，在菌种制作过程中要遵循以下几个原则。

一是母种（试管种）尽量不要自己制作，也不要轻易转管，应从正规厂家或科研单位购买。

二是购买菌种时应索要发票并留存一支试管菌种备案。

三是原种（二级种）尽量自己制作，在制作过程中要做到严格无菌操作，严格按技术要求进行培养。

三、菌种的制备

（一）母种的制备

1. 母种培养基配方

（1）马铃薯葡萄糖琼脂培养基（PDA）　去皮马铃薯 200 克、葡萄糖 20 克、琼脂 20 克、水 1 000 毫升。pH 自然。该培养基用于菌种分离、培养。

（2）加肽马铃薯葡萄糖琼脂培养基　去皮马铃薯 200 克、葡萄糖 20 克、活性肽 3 克、琼脂 20 克、水 1 000 毫升。pH 自然。使用该培养基，菌丝萌发快，同等条件下较普通 PDA 培养基快 50%，生长洁白浓密，用于菌种培养。

2. 母种试管斜面的制备

（1）制备培养基的操作程序　选择优质马铃薯，去皮、挖去芽眼，切成薄片，称取 200 克，置于不锈钢锅内，加水 1 000 毫升，煮沸后小火保持 30 分钟，趁热用 8 层纱布过滤后放入有 1 000 毫升刻度的量杯（或量筒）中，补充水到 1 000 毫升，倒回不锈钢锅，加琼脂继续加热，待琼脂溶化后再加葡萄糖，再补水至 1 000 毫升，用玻璃棒搅均匀，趁热分装试管，或装入三角瓶备用。

（2）分装试管 配制好的马铃薯葡萄糖琼脂培养基，趁热（60 ℃左右）倒入事先准备好的量杯或玻璃漏斗，分装入试管。每支试管装分装培养基的量为试管长度的 1/4，一般对于 18 毫米×180 毫米的试管，贮液为 5 毫升，培养液不可贴附到管口内壁，如有黏附物必须揩拭干净。

（3）做棉塞 取适量棉花做成较紧实的棉塞，塞入试管约 2 厘米左右，外留 1 厘米，紧贴试管内壁，松紧度以用手指提起棉塞而不脱掉为宜，光滑不起皱，棉塞外露部分光滑，要求不起皱。也可以使用硅胶塞代替棉花塞密封试管，使用更为方便。

（4）灭菌 将装有培养基的试管放入灭菌锅的铁丝筐内，上面盖上牛皮纸或聚丙烯塑料薄膜，包扎好，以防棉塞受潮。加热灭菌时，排尽锅内的冷气，当温度升到 121 ℃时，维持 25 分钟后停止加热。待压力指针回到零点，先打开锅盖的 1/10 开度，等到无直冲蒸汽时，再打开全部锅盖，取出试管。

（5）在斜面上摆放试管 将取出的试管冷却到 50～60 ℃后，放到事先用木架或木条摆成一定角度的斜面上，小试管斜面长 2～4 厘米，大试管（18 毫米×180 毫米）斜面长 6～8 厘米。待试管中的培养液完全凝固后，收取备用。

（6）灭菌效果检查 随机取 3 支试管斜面培养基，放在 28 ℃下进行空白培养 5～7 天后，检查斜面上有无细菌和霉菌菌落。如果发现有杂菌，说明灭菌不彻底，要重新灭菌。

3. 母种平板培养基的制备 培养基配制操作程序同试管培养基。配制好的培养基装入三角瓶内，使用封口膜密封瓶口，然后进行高压灭菌（121 ℃，保持 25 分钟）。待培养基冷却至 50～60 ℃时，在无菌条件下倒入无菌的玻璃平皿或一次性塑料平皿内。每个平皿（直径 90 毫米）内倒入培养基液约 20 毫升。静置，待平皿内培养基冷却凝固，即制成平板培养基，备用。

4. 接种与培养

（1）接种 试管斜面培养基的接种方法：在无菌室（接种

室）或接种箱内，酒精灯火焰旁进行无菌操作。具体程序如下：左手拿菌种试管和待接种的斜面试管，右手拿接种钩，将接种钩的钩部在火焰外焰部分来回充分灼烧后，拔去菌种管的棉塞，将试管口在火焰上烧一下，再把接种钩烧一下，迅速插入种管，稍加冷却，切取米粒大小菌丝块（一定要带培养基），迅速放入待接种管斜面中心位置（为争取时间，可以在斜面接两点以上），拿出接种钩后，再把试管口烘烤一下，烧一下棉塞，迅速塞好棉塞，灼烧一下接种钩。到此即完成了一个接种程序，以下依此类推。

平板培养基的接种操作：右手持接种钩，经火焰灭菌，待凉后，在火焰旁打开盛有菌丝的试管棉塞，并将试管口过火焰，将已冷却的接种钩伸入试管，挑取 5 毫米见方的菌丝块，将试管口过火焰，塞上棉塞。左手斜持琼脂平板培养基，皿盖打开一条缝，右手于火焰近处将接种钩迅速伸入平板内，将菌丝块置于平板培养基正中间的位置，盖上皿盖。

（2）培养　将接种后的试管或平皿培养基，放入培养箱或培养室进行恒温培养（25 ℃±1 ℃），或利用适宜的自然气温培养。要保证培养室空气新鲜，环境干净，无光或弱光。因此，培养室内必须保持空气相对湿度 70% 左右，在试管上盖上纱布，或盖上薄棉毯，拉上窗帘，形成无光培养条件。因试管斜面长短不同，一般需经 8～14 天培养，才能长满试管斜面。直径 90 毫米的平皿需要 7～10 天长满。

（二）原种的制备

原种因培养基的材质不同，分为木屑（锯末）菌种、木楔菌种、枝条菌种、谷粒菌种等。这四种菌种都可以用于黑木耳的代料生产，但仅有木屑菌种、木楔菌种适于段木栽培接种。

1. 木屑菌种的制作　黑木耳生产中最常用到的菌种制作材料就是木屑，木屑菌种以其材料易得、耐保存、活力强、抗杂性好等特点深受广大种植户的青睐，所以以下重点介绍黑木耳木屑菌种的制作方法。

（1）培养料的配制 常用的木屑菌种配方有：①木屑80％、麦麸18％、石膏1％、白糖1％；②木屑80％、麦麸5％、米糠10％、玉米面2％、豆粕2％、石膏1％；③木屑80％、麦麸17％、石膏1％、豆粕2％。

在原材料选择上要注意以下几点：①木屑尽量选择阔叶硬杂木（要求无霉变）；②木屑要粗细搭配使用；③麦麸要选择大片，不添加防腐剂；④石膏要使用食用石膏粉。

拌料：确定了适合的生产配方以后按配方要求进行拌料。具体方法如下：将主料、辅料按比例称量。一般情况下木屑在购买时、生产中不是特别干，所以一般不按重量称量。在东北地区一般传统做法是先把木屑装入80厘米×120厘米（折幅×长度）的尼龙袋中，以袋为标准，一般一袋按30千克干料计算。也可以先做烘干试验然后按比例去水计算重量。称量好辅料后把麦麸、豆粕、石膏等辅料先混合均匀，然后再拌入备好的木屑中，先干拌两遍再加水，湿料再拌两遍，如果配方中需要加糖，糖要先溶于水中再拌料。

菌种生产一般要求含水量在55％～60％。具体检测方法是：用手抓起一把培养料用力握紧能成团，手指间有水渍而不能有水滴下落为标准。也可以用双手的拇指、食指用力捏，指缝稍见水渍渗出即可。切记不要含水量过大。

在菌种生产中拌料要注意以下几点：①主料、辅料称量准确，比例合理；②拌料一定要均匀，含水量适中；③木屑尽量粗细搭配使用，粗木屑要提前预湿；④高湿季节培养料尽量现拌现用，避免料变酸腐败。

（2）装袋（瓶） 制作木屑菌种盛装的容器有多种。大致分为瓶装和袋装两种。袋装按照封口方式又可分为窝口袋装和无棉盖封口袋装。下面依次介绍3种装袋（瓶）方式的具体操作方法。

① 瓶装（图3-4）。瓶装是木屑菌种最早的生产方式，从20世纪六七十年代一直到现在都有使用。这种方式的优点是不易污染，易于管理，转接后成活率高，是目前公认的最安全的菌种生产方式。缺点是：装料费工，盛装量少。

图3-4 黑木耳原种培养料手工装瓶

菌种瓶选择：现在的菌种瓶有两种，一种用玻璃瓶。如输液用的750毫升葡萄糖瓶。这种瓶比较便宜，但因其瓶口较小，装料时比较费工，而且接种时一般要破瓶，所以只能一次性使用，使用量在逐渐减少。另一种是一些厂家专门生产的塑料菌种瓶。这种瓶配有专门的通气瓶盖，而且瓶口大小适中，所以逐步取代了葡萄糖瓶，用量逐渐增多。种植户可以根据自己的实际情况选择。

装瓶的方法：目前还没有专门用于黑木耳菌种培养料的装瓶机械（可以考虑借鉴工厂化食用菌生产的装瓶机），所以一般采用手工的方式进行。装瓶时一定要注意松紧适度，太松，菌丝生长旺盛，容易老化，也不利于水分的保持；太紧，培养料透气性差，菌丝生长缓慢。装满瓶后要将料面进行平整，清除瓶口内外的余料，然后在瓶中间使用塑料棒打直径为1～1.5厘米的通氧口，最后塞上棉塞或盖紧瓶盖，送入灭菌室准备灭菌。

②无棉盖封口袋装（图3-5）。由于菌种瓶生产菌种的各种局限性，从20世纪80年代以后，广大种植户又发明了塑料袋装菌种的生产方式。袋装无棉盖封口就是其中的一种方法。该方式

图3-5　袋装菌袋的无棉盖体封口

有装袋操作简单、节省人工、单袋盛装量大、转接数量多等优点，正逐渐被广大种植户接受。盛装菌种培养料的塑料袋一般规格为（折幅×长度）为15厘米×30厘米或16厘米×33厘米，厚度为0.005厘米的丙烯或乙烯折角袋。如果是采用高压灭菌，一般选择聚丙烯材质的塑料袋。无棉盖一般选择直径3.0厘米，具有防尘功能的盖体，搭配直径3.5厘米套环使用。尤其要注意最好选择带有防水功能的盖体，以免灭菌时蒸汽打湿封口的无纺布或海绵引起污染。

装袋时用装袋机和手工操作都可以。无论选择哪种方式都要注意：装袋松紧程度适中，用单手握住菌袋用力按压料面稍微下陷为好，塑料袋表面和底部不允许有皱褶出现。料面要求平整，袋料中间要用塑料棒打通气孔。培养料上部到无棉盖要留有一定空间，方便菌种接入。装袋完毕后搬入灭菌室灭菌。

③ 窝口袋装（图 3 - 6）。窝口袋装生产菌种是从黑木耳三级菌种生产中演化而来的一种菌种生产方式。这种生产方式和三级菌种生产大致相同，其优点为机械设备不用另行购买，可以使用生产三级菌种的机器大规模生产；袋中间使用塑料棒打孔，窝口，便于中心接种，菌丝生长快，菌龄一致。但也存在如隐形污染严重、制种成活率低、转接后成活率不高等缺点，所以在实际生产中要慎重选择。

图 3 - 6　装袋窝口生产

窝口袋装方式可以直接用装袋机装袋。一般选择规格（折幅×长度）为 16 厘米×33 厘米、厚 0.005 厘米的聚丙烯塑料袋进行生产，装料后料柱高 16 厘米左右。装袋后把多余的塑料袋口窝入接种穴内，然后用塑料空心棒塞紧，倒立放置在铁筐内，搬入灭菌室灭菌。

从以上的介绍中我们可以看出菌种生产中几种方式的优缺点，即瓶装的优点主要是安全、污染率低，但存在大规模生产不易机械化操作、生产浪费人工等缺点，此方式适合农户小规模生产应用；袋装无棉盖封口介于两种方式中间，可以用机器大规模生产菌种，适合大规模生产菌种应用，也可以作为菌种厂出售二级菌种的主要生产模式；而窝口袋装模式在生产菌种中对生产环境要求比较严格，不建议大规模使用。

（3）灭菌　灭菌俗语又叫蒸锅，是利用蒸汽杀死培养料内杂菌的过程，可以分为高压灭菌和常压灭菌两种方式。在生产中一般农户采取常压灭菌的方式，菌种厂一般采用高压灭菌，下面就把两种灭菌方式详细介绍一下。

① 高压灭菌。高压灭菌一般需要专业的灭菌设备和熟练的专业操作技术，适合大型基地和菌种厂生产菌种和菌袋，有灭菌时间短、灭菌彻底、节约燃料等优点。高压灭菌常用的设备有手提式高压锅、卧式中型高压灭菌锅、大型灭菌柜等。种植户可以根据生产需要选择灭菌设备，但要注意，一定要选择正规厂家有生产合格证的产品。高压灭菌中的具体操作方法如下。

装瓶（袋）：将装好的瓶或袋用铁筐或耐高压的塑料筐装入灭菌容器，注意不可装得太满或太挤，否则容易影响蒸汽流通，从而影响灭菌效果。

点火（送气）：装锅完成后要马上点火或送气，使培养料迅速升温，以免培养料变酸腐败。若采用煮沸式高压锅，一开始火要大些以保证快速升温。

排气：排气也就是排出锅内冷空气的过程，以免造成假升压现象。在高压灭菌中排气是一个非常重要的环节，直接关系着灭菌的成败。具体操作方法是：当高压容器内压力升到 0.05 兆帕时打开排气阀将锅内气压降至常压，然后关闭排气阀，等压力升到 0.02 兆帕时再重复排气一次。目前也有一些大型灭菌柜上配有真空排气系统，这类设备操作相对简单，只要按照操作规程进行程序输入，就会自动完成灭菌全过程。

保压：当灭菌锅内气压升到 0.2 兆帕时可以保压，也就是维持这一压力。一般情况下瓶装的菌种培养料要维持 0.2 兆帕压力 1.5 小时，袋装的维持 2 小时。

冷却出锅：保压结束后，要让锅内压力自然降到 0.01 兆帕，然后打开放气阀排出多余蒸汽，再自然降温到 80 ℃以下，打开锅门将菌种袋（瓶）搬入冷却室冷却。

② 常压灭菌。常压灭菌就是在标准大气压（101～325 千帕）下利用蒸汽对培养料进行 100 ℃左右的灭菌处理。这种灭菌方法设备要求简单，技术简单易行，是目前菇农应用最多的灭菌方式。但这种方法也有灭菌时间长、浪费人力和燃料等缺点。常

用的设备有灭菌锅、船形灶、蒸汽锅炉等。具体灭菌方法如下：

装锅：将装好的袋或瓶装入铁筐或塑料灭菌筐内，然后码放进灭菌仓内。一次性码放量要考虑灭菌设备的最大灭菌量。

点火升温：常压灭菌要求点火升温时开始要大火猛烧，也就是常说的"攻头"，一般要求在 4 小时内培养料内温度达到100 ℃，升温时间过长容易引起料内细菌繁殖，导致培养料变酸腐败，从而使灭菌失败。

保温：从灭菌仓内所有培养料内温度达到100 ℃时开始到灭菌结束称为保温阶段。这一阶段要求温度要稳，要一直保持这一温度，尽量避免温度波动。在灭菌过程中要尽量避免加入大量冷水。菌种灭菌要维持100 ℃的温度10小时以上。也就是说从袋内温度达到100 ℃开始计时到10个小时后结束。

闷锅：在保温结束后不能立刻出锅，要继续闷 5 小时以上，这一过程称为闷锅。闷锅过程中要注意保温，不要使温度降得太快。闷锅时间也不宜太长，原则上不要超过 8 小时，闷锅结束后将培养袋搬入冷却室冷却。

(4) 冷却 冷却就是把灭菌的菌种袋（瓶）冷却到30 ℃以下的过程。菌种生产最好要配有专门的冷却室。冷却室要求洁净，地面要硬化，墙壁最好粉刷。如果生产量小可以用接种室代替。

在放入菌种袋（瓶）前，冷却室要彻底消毒。具体做法是在放入菌种袋（瓶）前用含10%的84消毒液喷洒消毒后，以每立方米 5 克的"菇宝"烟雾剂熏蒸处理半小时。处理好后搬入菌种袋（瓶）冷却。冷却过程中用每小时臭氧发生量为 7 克的臭氧机进行消毒处理。

(5) 接种 由于黑木耳菌丝纤细，生长速度慢，所以这一过程要在严格无菌的环境下进行。目前常用的接种方式有：接种箱、超净台、离子风等方式。不管用哪种方式，一定要保证接种环境尽量无菌。接种时要注意以下几点：①菌种袋（瓶）冷却要保证在30 ℃以下，但也不要温度太低，一般要在25～30 ℃就可以。

②接种室内要提前降尘，并保证室温比袋内温度低 2～3 ℃，这样造成内外温差而不易感染。③接种速度要快，接种人员尽量不要走动、交谈。④接种工具使用之前要用酒精灯消毒，接种过程中不要接触试管口，菌种袋（瓶）外壁接触他物后要立即消毒。⑤一支试管转接二级菌不要超过 8 瓶（袋）；接种块大小尽量均匀。

（6）养菌　接种之后就进入养菌期管理了。养菌期主要的工作就是控制温度和调节通风。养菌期管理直接关系到菌种质量的好坏，可以这样说，好菌种是养起来的，所以养菌期管理特别重要。

菌种进入养菌室头 7 天要调节袋内温度在 28 ℃左右，促使菌丝尽快萌发吃料。可以不通风或少通风。7 天以后把料温降至 24 ℃左右培养，一直到菌丝长满培养料。在这期间要随着菌丝的生长速度加快逐渐加大通风量。判断通风量是否合适的标准是，进入养菌室没有明显异味和不舒服的感觉即可。菌丝长满培养料后要把温度降到 15 ℃左右继续培养 10 天。关于养菌期间所有温度参数都要以料温为标准。具体做法是把温度计插入菌袋内部或两个菌袋中间。

2. 枝条菌种的制作　枝条菌种就是以枝条（木棍）为菌丝的生长载体制作菌种（图 3 - 7）。该菌种有接种快、节省人工的优点，近几年正逐渐替代木屑菌种成为主流的菌种制作方法。但其抗污染性和生长速度不及木屑菌种。

（1）配方　枝条 78%，磷酸二氢钾 1%，糖 1%，麦麸 20%。目前常用来制作枝条种的材料有：雪糕板、一次性筷子和专用菌种枝条。一般规格为 12～15 厘米即可，种植户可以就近、便宜为原则选择材料。

（2）枝条的处理方法　将磷酸二氢钾、糖溶于水中，将枝条、麦麸一起放入水中浸泡。注意枝条一定要用重物压实使其完全浸泡在水中。根据接种枝条的材质、大小不同，浸泡 24～48 小时。检测枝条吸水是否合格的方法是将枝条捞出沥去多余水分

图 3-7　黑木耳枝条菌种

用钳子捏断，观察其断面看是否泡透。也可将枝条直接放入河水或井水中浸泡 24～48 小时，捞出后按比例拌入辅料。

（3）装袋（瓶）　枝条菌种可以采用袋装和瓶装两种方法制作。根据枝条的长短选择袋或瓶的规格，然后进行装袋（瓶）。装袋（瓶）一般用手工操作。装袋前先在袋底放厚度为 0.5～1 厘米，由木屑 78%、麦麸 20%、石膏 1%、糖 1%组成的培养基，然后将枝条顺着放入塑料袋直到装满，然后在枝条的上部再放一层木屑培养基，最后用无棉盖和套环封口，搬入灭菌锅内灭菌。

（4）灭菌　灭菌视情况可以采用高压和常压两种方法进行。由于枝条相对木屑而言体积较大，所以灭菌时间要稍微加长。一般情况下压力达到 0.20 兆帕（120 ℃）时保持 2.5 小时，常压下 100 ℃灭菌 12 小时，再闷锅 5 小时为好。

（5）接种　灭菌之后采用常规接种方式接种。

（6）培养　接种后放入养菌室进行培养。要注意由于枝条的质地比较坚硬，菌丝延伸至其内部较慢，所以枝条菌种一般在长满菌丝后要 20 ℃左右继续培养 15～20 天方可使用。

枝条菌种制作过程中要注意以下几点：①枝条前期管理一定

要到位,空间不要过湿或过干。太湿菌丝向基质内吃料困难,容易造成转接后的菌种成活困难;太干容易造成枝条表面失水,菌丝难以萌发,导致杂菌污染。②尽量选择厚一点的塑料袋。装袋过程中要时刻防止枝条刺破塑料袋。③蒸锅灭菌过程中要做到足温达时,保证彻底蒸透。④养菌阶段要注意防止高温,注意通风换气。一定要注意后熟培养,刚长满袋的菌种尽量不要马上使用。⑤养菌期间每周都要检查杂菌和微孔感染,一经发现坚决弃掉。

3. 枝条加锯末菌种(复合菌种)**的制作** 复合菌种就是将枝条和木屑培养基按一定比例混合后进行菌种培养。这种方法把枝条菌种接种快和锯末菌种抗感染性好的两个优点充分结合在一起,在生产实践中有着很大的优势,所以近几年来成为各大菌种厂首选的制作菌种方式。

(1) 配方 枝条培养基配方和"枝条菌种的制作"中的相同。锯末培养基配方:锯末78%,麦麸20%,石膏1%,糖1%。

(2) 制作方法 枝条培养基制作方法如下。

① 枝条处理。枝条要先在井水或河水中浸泡24~48小时,捞出备用。

② 拌料。将木屑培养基按常规拌料方法拌料,使其含水量在60%左右。

③ 装袋。选择规格(折幅×长度)为16厘米×33厘米,厚0.005厘米(5丝)的丙烯或乙烯折角袋装袋。装袋前先在袋底部装厚度1厘米左右的木屑培养基,然后顺着装入50根左右枝条,最后用木屑培养基将袋填充装到合适高度,用无棉盖和套环封口。

④ 灭菌。复合培养基的灭菌方式可以参照枝条培养基的灭菌方式进行。

⑤ 接种。接种按一般的无菌操作要求在接种箱式超净工作台内进行。

⑥ 养菌。养菌期的管理要求和枝条菌种制作一样,无特殊要求。

复合菌种制作要注意以下几点：一是要注意木屑料与枝条的配合比例，一般规格（折幅×长度）为16厘米×33厘米的塑料袋放50～60根枝条，15厘米×33厘米的塑料袋放30～40根枝条，750毫升的菌种瓶放25～30根枝条。二是袋或瓶一定要装密实，不要留空隙，尽量让木屑把枝条包裹严。三是木屑含水量要控制在55%～60%，不要太湿。四是灭菌要严格操作，保证蒸熟灭透。五是养菌期每7天检查一次有无杂菌和微孔感染。

4. 谷粒（粮食）菌种的制作　谷粒菌种是对用粮食类作为菌丝生长的载体来制作菌种的统称（图3-8）。按使用的粮食种类不同，可分为：谷子种、高粱种、小麦种、玉米种等。谷子种因菌丝生长快，菌种制作周期短，常常作为应急菌种使用。因其有转接后菌丝萌发快、接种方便等优点，近几年在有些地区也大规模使用这种菌种制作三级菌。但是制作谷粒菌种对环境和技术要求比较严格，转接出耳时容易感染绿霉，所以要慎重选择。

图3-8　谷粒菌种（玉米粒菌种）

（1）配方　经常用于谷粒菌种制作的材料有：谷子、玉米、高粱、小麦、水稻等。一般来说，有壳类的，如谷子、高粱、水稻等要比玉米、小麦制备的菌种不易被污染，分散性好，种植户可以根据本地资源进行选择。谷粒菌种常用的配方有：①谷子98％，磷酸二氢钾0.2％，石膏1.8％。②高粱98％，磷酸二氢钾0.2％，石膏1.8％。③玉米（或碎玉米）98％，磷酸二氢钾0.2％，石膏1.8％。④小麦98％，磷酸二氢钾0.2％，石膏1.8％。以上配方中磷酸二氢钾可以不添加；如有条件，也可以添加0.2％的硫酸镁；使用阔叶树木屑可以代替其中的部分谷粒。

（2）制作方法 选择好菌种制作的主料后我们要根据主料颗粒度的大小、干湿度等因素，进行以下几个步骤：

① 浸泡。将选好的主料如谷子、高粱等进行筛选去杂后，放入适量的清水中浸泡，将磷酸二氢钾、石膏等辅料溶解在浸泡水中，浸泡时间因主料品种不同而不尽相同，原则上以主料充分吸水、变软为准，检测方法是用指甲可以将主料切开为合适。在浸泡过程中要注意换水，防止主料变酸，一般夏季每天换水一次，冬季可以不换水。

② 煮料。一般谷粒菌种的制作都要经过煮料这一程序。煮料就是把泡好的谷粒放在水中加热使其进一步吸水，水面要求超过谷粒5厘米以上。一边加热一边搅拌防止粘锅底。煮料直接关系到菌种制作的成败，所以一定要注意火候和煮的程度，一般要求煮至谷粒充分膨胀但种皮不胀破，内部无白心为宜。煮的时间过短白心过多容易灭菌不透，煮的时间过长容易导致谷粒种皮胀破过多，含水量过大，致使菌丝生长缓慢，污染严重。因此，广大种植户要充分重视煮料这一环节，注意总结和积累经验。煮料要根据粮食的种类灵活掌握火候，万万不可千篇一律，生搬硬套。

③ 装瓶。谷粒菌种一般用瓶装方式进行生产，可选用750毫升的葡萄糖液瓶或专用的菌种瓶作为容器。装瓶一般高度为瓶的一半到2/3，不可以装满。如果急用菌种可以再少装一点。

④ 灭菌。谷粒类菌种因营养丰富，易变酸腐败，所以生产中一般使用高压灭菌方式灭菌。灭菌时间在压力0.2兆帕条件下（120℃）保持2.5小时。

⑤ 接种。接种一般选择接种箱或超净台进行接种，因谷粒菌种比较容易感染杂菌，所以接种过程要求更加严格，要严格地按无菌操作规程来进行。

⑥ 养菌摇瓶。把接好种的菌种瓶放入养菌室的培养架上，在25℃下培养7天，检查有无杂菌。为加速菌丝生长，7天后当菌丝直径长至4～5厘米时要进行摇瓶处理。具体操作方法是：将瓶口用报纸或塑料膜包严，右手拿瓶左手掌向上敲击，把长好的菌种块摇散，使菌种均匀地混合在料中，这样做有几个好处：使菌种快速长满料面，以免养菌时间长造成培养料变酸腐败；把隐形的污染源摇散，使其充分显现出来，便于辨别；可以使生长的菌种上下菌龄一致。摇瓶结束后，把报纸等覆盖物去掉，放回培养架，在24℃下继续培养7～8天菌丝就可以长满整瓶。摇瓶后由于菌丝生长加快，要注意加大通风量，并防止培养室温度升高而发生烧菌。经过14～15天的培养，谷粒菌种就可以长满整个培养基，谷粒菌种容易老化，长满瓶后应立即使用，避免久放。

5. 颗粒菌种的制作 颗粒菌种制作是近几年才开始小规模试验使用的一种菌种制作方法，颗粒菌种一般以珍珠岩、吸水陶粒为载体加入适合菌丝生长的液体混合后用来培养菌种，这种方法制作出来的菌种比谷粒菌种接种便捷、萌发快，同时又克服了谷粒菌种污染率高、后期绿霉污染严重的缺点，是黑木耳菌种制作一个不错的发展方向。

(1) 配方 颗粒菌种营养液的配方：配方一，玉米面30克，木屑40克，葡萄糖15克，磷酸二氢钾3克，硫酸镁1.5克，维生素B_1 1片，水1 000毫升。配方二，麦麸30克，木屑40克，蔗糖15克，磷酸二氢钾3克，硫酸镁1.5克，维生素B_1 1片，水1 000毫升。按以上配方将主辅料加水煮沸20分钟，然后用4层纱布过滤备用。

颗粒菌种培养基生产配方：配方一，珍珠岩55%，营养液45%。配方二，吸水陶粒50%，营养液50%。

（2）制备方法 将营养液和颗粒放在一起充分拌均匀，要使每个颗粒都均匀吸收到营养液，然后装入 750 毫升菌种瓶或 500 毫升葡萄糖液瓶内，按谷粒菌种的制作方法进行灭菌和接种即可。但要注意，因颗粒菌种培养基含水量较少，所以接种时接种块要适当加大，以免菌种失水而死。颗粒菌种也可以像谷粒菌种一样进行摇瓶培养，其生长速度一般比较快，因颗粒菌种培养基的营养配比比较合理，不会造成营养过剩，因此颗粒菌种保存时间也比较长，一般黑木耳菌种常温保存 1 年也可以正常使用。

6. **木楔菌种的制备** 木楔菌种主要用于段木黑木耳中。

（1）配方 配方一：木楔（青冈树木楔，2～3 厘米小段）35 千克，细木屑 9 千克，麸皮 5 千克，蔗糖 0.5 千克，石膏 0.5 千克，水适量。配方二：棉籽壳 5 千克，木楔 35 千克，麸皮 9 千克，蔗糖 0.5 千克，石膏 0.5 千克，水适量。

（2）制备方法 先将木楔用 70% 的糖水浸泡 12 小时后捞出。与木屑、麸皮放在一块搅匀，再把余下的 30% 蔗糖和石膏用水化开洒在上面，一面加水一面搅拌。然后装瓶，进行高压灭菌、接种、培养。具体方法可以参考木屑菌种的制备。

四、黑木耳液体菌种及其制备

随着食用菌生产的发展，食用菌制种方法在传统固体菌种制作的基础上在不断地改进和发展，其中液体菌种的制作便是其中之一。

（一）液体菌种的定义

液体发酵技术是现代生物技术之一，起源于国外。它是指在生化反应器中，模仿自然界将食药用菌在生育过程中所必需的糖类、含氮化合物、无机盐等营养物质溶解在水中作为培养基，灭菌后接入菌种，通入无菌空气并加以搅拌，提供食用菌菌体呼吸代谢所需要的氧气，并控制适宜的外界条件，进行菌丝大量培养繁殖的过程。工业化大规模的发酵培养即为发酵生产，亦称深层培养或沉没培养。液体发酵技术由于具有生产规模化、控制自动化、生长无菌化、发菌高速化的生产应用优势，为食用菌产业化发展提供了良好的种源条件，是食用菌产业化发展的必然方向。

液体菌种简而言之就是用液体培养基培养而成的菌种。与固体菌种相比，它具有菌种生产周期短、菌龄整齐一致、接种方便、萌发快、适宜于工厂化生产等优点，因而受到广大栽培者的欢迎。目前，我国已能进行液体菌种制备的食用菌种类有香菇、平菇、凤尾菇、美味侧耳、鲍鱼菇、金针菇、黑木耳、草菇等。

（二）液体发酵的培养基组成

根据液体发酵培养基组成的不同，可分为天然培养基和合成培养基。天然培养基的组成主要为成分复杂的天然有机物。合成培养基则是采用一些已知化学成分的营养物质作培养基。在生产上，还根据工艺将培养基分为孢子培养基、种子培养基及发酵培养基。但无论如何划分，每一种培养基的组成中都离不开碳、氮、无机盐、微量元素、维生素和生长素等。

1. 碳氮比（C/N）　碳氮比指碳源及氮源在培养基中的含量比。构成菌丝细胞的碳氮比通常是（8～12）：1。由于菌丝生长过程中，一般需50％的碳源作为能量供给菌丝呼吸，另50％的碳源组成菌体细胞。培养基中理想碳氮比的理论值为（16～24）：1。在液体培养中以菌丝增殖为目的的培养，通常碳氮比以20：1为宜。

虽然食用菌的液体培养一般要求较高的碳氮比，即碳：氮＝20：1左右生长较好，但许多菌种也能在较宽的碳氮比范围内生长。不同菌种合适的碳氮比，可通过实验求得。

2. 无机盐与微量元素　许多无机盐及微量元素对菌种的生

理过程的影响与其浓度有关。不同菌种，对无机盐及微量元素要求的最适浓度也不同。

（1）磷 磷是细胞中核酸、核蛋白等重要物质的组成部分，又是许多辅酶（或辅基）高能磷酸键的组成部分。磷是食用菌液体发酵不可缺少的物质，常通过加入磷酸二氢钾以提供磷，加入量大约为 $0.1\% \sim 0.15\%$。

（2）镁 镁在细胞中起着稳定核蛋白、细胞膜和核酸的作用，而且是一些重要酶的活化剂，是食用菌液体培养中不可缺少的营养成分。一般通过加入硫酸镁以提供镁，浓度通常是 $0.05\% \sim 0.075\%$。

（3）钾、钙、钠 钾不参与细胞结构物质的构成，但能控制原生质的状态和细胞膜的透性。钙离子与细胞透性有关。钠离子能维持细胞渗透压，钠离子可以部分代替钾离子的作用。三种物质需求量甚微，若采用天然培养基，可不必另加。

（4）硫、铁 硫是菌体细胞蛋白质的组成部分（胱氨酸、半胱氨酸及蛋氨酸中都含硫），铁是细胞色素、细胞色素氧化酶和过氧化氢酶的组成部分，也是菌体有氧代谢中不可缺少的元素。硫、铁需求量少，若采用天然培养基，可不必另行加入。

（5）锌、锰、钴、铜 锌、锰、钴等离子是某些酶的辅助因子或激活剂。铜是多元酚氧化酶的活性基。菌体对锌、锰、钴、铜等微量元素的需求量甚少，一般天然有机原料中均有，不必另加。碳酸钙本身不溶于水，但可以调节培养基的酸碱度。磷酸盐与碳酸钙不宜混合使用，否则会形成不溶于水的磷酸盐，使可溶性的磷酸盐浓度大大降低。

3. 维生素 维生素在细胞中作为辅酶的成分，具有催化功能。大多数食用菌的培养都与 B 族维生素有关，维生素 B_1 是目前已知对绝大多数食用菌生长有利的维生素。其适宜浓度为 $50 \sim 1\ 000$ 微克/升。

（三）液体菌种的培养方法

常见液体菌种的培养方法有采用摇床来生产的摇瓶培养法和采用发酵罐来生产的深层培养法。若少量生产，可以用摇瓶培养法。深层培养需要一整套工业发酵设备，如锅炉、空气压缩机、空气净化系统、发酵罐等，故投资大，只适用于工厂化的大规模生产。而摇瓶培养投资少，设备技术简单，适合一般菌种厂生产使用。需要指出的是，即使是采用发酵罐来生产液体菌种，也需要先采用摇瓶培养，制备出种子液，再接种到发酵罐内进行扩大培养。

1. 摇瓶振荡培养技术

（1）母种的选择　挑选新转接活化的、菌丝生长粗壮洁白整齐的、没有污染杂菌的母种，一般实际操作时选择菌丝刚长满试管或满管 10 天以内的试管母种。

（2）摇瓶培养基的配方

①配方一：马铃薯 20%（煮汁），麦麸 4%，葡萄糖 2%，蛋白胨 0.3%，磷酸二氢钾 0.2%，硫酸镁 0.1%，消泡剂 0.2 毫升，水 1 000 毫升。

②配方二：马铃薯 20%（煮汁），麦麸 5%，葡萄糖 1%，红糖 1.5%，蛋白胨 0.2%，磷酸二氢钾 0.2%，硫酸镁 0.1%，维生素 B_1 10 毫克，消泡剂 0.2 毫升，水 1 000 毫升。

③配方三：马铃薯 20%（煮汁），麦麸 5%，葡萄糖 2%，红糖 1%，蛋白胨 0.3%，酵母膏 0.3%，磷酸二氢钾 0.2%，硫酸镁 0.2%，维生素 B_1 10 毫克，消泡剂 0.2 毫升，水 1 000 毫升。

（3）摇瓶培养基的配制　选用新鲜无绿皮和未发芽的马铃薯、新鲜无霉变的麦麸。马铃薯削皮挖去芽眼，切块或薄片后与麦麸同煮，煮沸后文火维持 20～30 分钟，用 6 层纱布过滤取汁，汁液不足 1 000 毫升时加水补足，加入其他原料煮沸至完全溶解。

(4) 分装及灭菌　培养液配制好后，装入 500 毫升容量的三角烧瓶中，每瓶装 100 毫升，并加入 0～15 粒小玻璃珠，加棉塞后再包扎牛皮纸封口。在 0.2 兆帕压力（120 ℃）下灭菌 30 分钟，待压力表指针自然回零后，打开锅盖，稍敞开锅盖以利用余温烘干棉塞，30 分钟后取出摇瓶，自然环境下降温。

(5) 接种　待培养基温度降至 25 ℃以下时，将摇瓶、母种、接种工具、气雾消毒剂等放入接种箱，若用超净工作台接种就不用气雾消毒剂了。接种箱使用气雾消毒剂消毒 30 分钟，超净工作台紫外线开启 20～30 分钟后即可接种。先用酒精擦拭双手后再进入接种箱或超净工作台，再次用酒精棉擦拭双手、母种试管、接种工具。接种铲、接种钩在酒精灯火焰上方烧灼至彻底灭菌。把摇瓶放在支架下方，把试管放在支架上，调整好试管倾斜角度。在酒精灯火焰上方拔去试管棉塞，先用接种钩将菌种横切分成若干 0.5～1 厘米的小块。在酒精灯火焰上方打开摇瓶棉塞，用接种钩钩取大约 2 厘米的斜面菌种块（尽量少挑取琼脂培养基）接入摇瓶中，菌种块要求菌丝朝上悬浮在摇瓶培养液液面上。接种后棉塞过火两圈后塞好瓶口，包好报纸或牛皮纸。

(6) 培养　接种后的摇瓶于 23～25 ℃下静置培养 48 小时，观察菌丝长势和是否被杂菌感染。确定没有染杂菌后再置于往复式摇床上振荡培养，振荡频率为 80～100 次/分，振幅 6～10 厘米。如果用旋转式摇床，振荡频率为 200～220 转/分（调整转速以产生 1 厘米深的漩涡为准）。摇床室温控制在 24～25 ℃，培养时间在 5～7 天。现在也有使用磁力搅拌器培养液体菌种的，需注意的是要在配制培养液时将转子放在培养液内；放在磁力搅拌器上培养时，室温控制在 24 ℃左右。

培养结束的标准是：培养液清澈透明，液中悬浮着大量小菌丝球，并伴有黑木耳菌丝特有的香味。若作为发酵罐的种子液使用，在 4～5 天后培养完成，以放置 20 分钟后菌丝沉淀量达 85% 以上才可接种到发酵罐。

2. 发酵罐制备黑木耳液体菌种

（1）培养基配制　培养基采用商业化配制的专用培养料。200 升发酵罐（图 3 - 9）可装发酵液 160～180 升。

（2）上料

① 打开发酵罐上盖，冲洗罐体。

给罐内加入自来水，加到罐体视镜下方，同时外夹层注水位置为长条视镜上 2/3 处为宜。称量专用培养料，按照 95 克/升的比例称料，160 升即是 15 200 克，加入专用消泡剂 32 毫升，在塑料桶内加入少量水将称好的料

图 3 - 9　制备黑木耳液体菌种
所用的液体发酵罐

溶解，另加红糖 1 600 克（10 克/升），葡萄糖 800 克（5 克/升），糖类也先用水稀释开后再和培养料一起加入罐体内。

② 通气搅动液体，加入原料。上料前先打开气泵给罐体通气，水被搅动加入各种料，在气体的搅动下料不会沉淀结块，很快散开分布于水中。补充水直至培养料的液面超过视镜而不外流为止。盖上盖子并拧紧，打开盖子上的排气阀门，进行灭菌。

（3）培养基灭菌

① 将加热开关（设定仪表温度 125 ℃）和保温开关（设定保温灭菌时间 60 分钟）同时打开加热。当仪表温度达到 125 ℃ 时自动计时，维持罐内 125 ℃ 60 分钟。自动报警结束，关掉加热开关和保温开关，同时在外夹层下阀门处接好自来水管，注入自来水前先打开外夹层上的排水阀门，排水阀门接好排水管。排掉外夹层内的蒸汽，打开自来水开关和外夹层下阀门，外夹层通

往冷水给罐体内培养基降温，水满自流排出。待罐内压力降到0.05兆帕时，打开罐体上的进气阀门，给罐内通气搅拌，使罐内总保持正压状态，这样即使罐体上配件有轻微漏气时也不会使外界空气进入罐内造成感染。通气后罐内压力维持在0.03～0.05兆帕的气体搅拌状态，待罐内培养基温度降到25℃以下时开始接种。

②过滤器灭菌。罐内培养基刚开始灭菌时，气泵要通过过滤器给罐内通气搅拌，这样可避免因培养基分散不均、沉淀、结块而烧糊加热棒现象发生。当培养基温度达到98～100℃，即水的沸点时，停止气泵通气搅拌，因培养基和水都处于沸腾状态，不会再发生培养基沉淀、结块、烧糊加热棒情况，此时要微开排气阀门。当罐内温度达到仪表设定温度125℃时，打开罐底放料阀门排一次气，关闭罐体三通接头上的进气阀门，打开三通接头上的排气阀门（没连接软管）和总开关，用1 000毫升量杯接料，排料一次，关闭排气阀门和总开关。此时仪表自动计时，打开外夹层三通接头的供气阀门，打开过滤器底部阀门微排尾气，打开罐体三通接头上的进气阀门和排气阀门（微排），通蒸汽给过滤器灭菌。过滤器和罐内培养基灭菌60分钟是同步的。灭菌结束后，关闭三通接头上的排气阀门，依次关闭第二个、第一个过滤器底部阀门，关闭外夹层的通气阀门。打开气泵通气，打开过滤器底部阀门，打开罐体三通接头上的进气阀门和排气阀门（微排），用气吹干滤芯。待压力表降到0.05兆帕时，依次关闭排气阀门、过滤器阀门和底部总进气阀门。打开过滤器上总进气阀门和罐体上三通接头阀门的总开关给罐体通气，保持罐内正压，待罐内料温降到25℃时接入菌种。

（四）发酵罐接种

1. **准备工作** 将摇瓶菌种、酒精棉、起保护作用的火焰保护圈（浸足95％酒精）、镊子、湿毛巾等接种用品准备好。

2. **火焰保护接种**　将火焰保护圈套在接种口上，开大排气阀门，气泵持续通气，待罐内压力降至接近 0 时，点燃火圈，关闭排气阀门，旋开接种盖。在火焰上方拔去摇瓶棉塞，在火焰保护、接种口是正压状态下把菌种倒入罐里。接种盖在火焰上方过火后盖好接种口并拧紧，撤去火焰保护圈，用湿毛巾灭火。打开排气阀门微排气，调整罐内压力至 0.03～0.05 兆帕，设置好培养温度即可进入培养阶段。

3. **培养条件、时间**　设定培养温度 25 ℃，罐压维持在 0.03～0.05 兆帕，一般培养周期为 72～96 小时（图 3 - 10）。

图 3 - 10　培养好的液体菌种

（五）液体菌种的检验方法

菌种检测方式有感官检测、显微镜检测、培养皿检测、木屑培养料检测、pH 检测、糖分检测等。对液体菌种进行检验可采用感官检查和取样测验相结合的方法。

1. **感官检查**　可采用"看、旋、嗅"的步骤进行检查。

（1）看　将样品静置于桌上观察。一看菌液颜色和透明度，正常发酵醪液呈黄色或黄褐色，清澈透明，菌丝颜色因菌种而异，老化后颜色变深；染杂菌的醪液则混浊不透明。二看菌丝形态和大小，正常的菌丝大小一致，呈球状、片状、絮状或棒状，菌丝粗壮，线条分明；而染杂菌后，菌丝纤细，轮廓不清。三看上清液与菌丝体沉淀的比例，菌丝体占比例越大越好，较好的液体菌种，在瓶中所占比例可达 80％ 左右。四看 pH 指示剂是否变色，在培养液中加入甲基红或复合指示剂，经 3～5 天颜色改变，说明培养液 pH 到达 4.0 左右，为发酵终点；如果在 24 小时内即变色，说明因杂菌快速生长而使培养液酸度剧变。五看有无酵母线，如果在培养液与空气交界处的瓶壁上有灰色条状附着物，说明为酵母菌污染所致，此称为酵母线。

（2）旋　手提样品瓶轻轻旋转一下，观其菌丝体的特点。发酵液的黏稠度高，说明菌种性能好；稀薄者表明菌球少，不宜使用。菌丝的悬浮力好，放置 5 分钟不沉淀，表明菌种生长力强；反之，如果菌丝极易沉淀，说明菌丝已老化或死亡。再次观其菌丝状态，菌球大小不一，毛刺明显，表明是供氧不足；如果菌球缩小且光滑，或菌丝纤细并有自溶现象，说明污染了杂菌。

（3）嗅　在旋转样品后，打开瓶盖嗅气味。培养好的优质液体菌种，均具有芳香气味；而染杂菌的培养液则散发出酸、甜、霉、臭等各种异味。

2. 取样测验　可取液体菌种进行称重检查和黏度检查；生长力测定和出菇试验；化学检查，包括测 pH、糖含量和氧含量等；显微检查，包括细胞分裂状态观察、普通染色和特殊染色等。

第四章

黑木耳生产的设备及生产物资

一、生产设备

黑木耳代料栽培从手工生产开始,发展到现在已经有30年的历史。在生产过程中科技工作者和广大菇农发明了很多生产模式以及相应的机器设备,大大提高了黑木耳生产的工作效率以及菌棒的成品率。本章节将详细介绍一些黑木耳生产设备及生产物资。

(一) 装袋机

装袋机是用来把培养料装入塑料袋的机器。因生产规模和对塑料袋要求不同,目前市场上有很多种装袋机。

1. **立式装袋机** 因黑木耳代料栽培起步较晚,所以开始没有适合黑木耳生产专用的装袋机器。立式装袋机是从金针菇生产上引入黑木耳生产的,早期替代了手工装袋,但因其装袋效率低,装袋质量不统一,所装袋较松等缺点,目前已经基本被淘汰。

2. **卧式手推装袋机** 卧式手推装袋机是一款专为黑木耳生产设计的装袋机。装料时,将塑料袋套在出料筒上后,需要用手将防爆袋套筒推至工作位,然后借助绞龙产生的压力将培养料压入塑料袋内,并同时将防爆袋套筒推至离位,塑料袋填充好培养料后自动脱离。该机器从发明到现在经过几代的改进,已经具备了成本低、结构简单、操作简便、装袋速度比较快、装袋松紧可调、装袋质量统一等优点,适合年生产量1万~10万袋的普通种植户使用。

其缺点是耐用程度低、自动化程度不高、故障率较高等，不适合大型基地和菌袋厂使用。目前市场价是 1 700～2 500 元。

3. **电子自走式装袋机** 电子自走式装袋机（图 4-1）是在卧式手推式装袋机的基础上改进生产的一种自动化程度比较高的装袋机。该机采用了电磁离合器、CPU 集成控制电路等电器化控制系统，实现了对装袋长短、松紧以及防爆袋套筒的自动行走等控制，适合年产 10 万～100 万个菌袋的大型基地和菌袋厂使用。技术参数为：功率 4～5 千瓦，工作效率 800～1 000 袋/小时。市场价格 4 000～12 000 元。

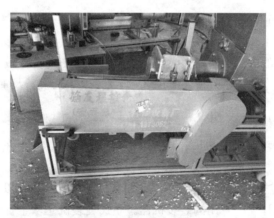

图 4-1 电子自走式装袋机

4. **卧式气动装袋机** 卧式气动装袋机也是在卧式手推式装袋机的基础上改进的一款工作效率比较高的装袋机。该机器以电动机为旋转动力，以气源为控制动力，配合 CPU 集成控制系统实现了除套袋之外的所有动作的自动化控制。缺点：维修技术要求比较专业，对工作环境温度要求较高。技术参数：功率 4～5千瓦，工作效率 800～1 000 袋/小时。配套气源：0.8 兆帕。价格：12 000～20 000 元。

（二）灭菌设备

因黑木耳必须熟料栽培，在生产过程中必须有配套的蒸汽灭菌设备。经过这些年的发展，灭菌设备从土制灭菌锅发展到了自动化灭菌柜。以下对各种灭菌设备做一下详细介绍。

1. **土制灭菌锅** 土制灭菌锅一般由灶、锅和灭菌仓三部分组成。一般灶和灭菌仓由红砖垒砌而成，锅为圆形，灭菌袋数量一般为1 000～2 000袋，适合3万袋以下规模农户使用。

2. **船形灭菌灶** 船形灭菌灶是从土制灭菌灶基础上改进发展而来的一种灭菌灶。有一次性灭菌容积大、节省燃料等特点，而且不用建设专门的灭菌仓，所以一次性投入较低，种植户可以自行制作也可以直接购买成品，缺点是一旦建成不易挪动。

3. **常压灭菌仓** 常压灭菌仓一般用食用菌蒸气锅炉，其工作原理是把蒸气锅炉内的蒸汽通过管道引入灭菌仓内进行常压蒸汽灭菌。因其可以根据灭菌数量灵活选配锅炉大小和可以随意挪动等特点，所以目前大多数工厂化菌袋生产都采用这一方法进行灭菌。

4. **常压（高压）灭菌柜** 带有自动控制程序的常压（高压）灭菌柜主要用于工厂化食用菌的生产，是随着黑木耳工厂化菌袋生产而引入黑木耳生产的。该设备配有蒸汽发生装置、真空排气装置和电脑控制系统，可以自动完成灭菌全过程，灭菌效率高，稳定性好，是大型工厂化菌袋生产的首选灭菌设备（图4-2）。

图4-2 常压灭菌柜

（三）窝口设备

因短棒木耳大都采用窝口，中心接种的方式生产，所以在栽培袋生产中有一个主要的环节就是窝口。最早时采用手工的方式窝口，但随着劳动力成本的增加，有些机械厂开发研究了多种形式的窝口机，窝口工序逐渐由手工变为半自动化、自动化。窝口设备主要有以下几种。

1. **手工窝口器**　手工窝口器是种植户在生产中自行研究的一种窝口小工具，该工具一般采用直径 12 毫米的钻头制作而成，有制作简单、成本低等特点，小规模生产的种植户可以自己制作使用。

2. **脚踏式或手压式窝口机**　脚踏式窝口机（图 4-3）是一种纯机械式窝口设备，分为链条传动式和钢丝传动式两种。该设备一般每小时 3 人配合可窝 600 袋左右，一般日窝口 5 000 栽培袋以下的种植户可以考虑使用。

3. **半自动窝口机**　半自动窝口机是根据机械式窝口机的原理，用电机作为动力的一种半自动窝口设备。该机器可以在人为辅助下完成窝口操作，需要用手将塑料

图 4-3　脚踏式窝口机

袋口握于窝口钻头处，一般三人配合每小时可窝口 800~1 000 袋，一般日窝口 5 000 栽培袋左右的种植户可以考虑使用。

4. **气动自动窝口机**　此款窝口机（图 4-4）以气体为动力，

辅以电子控制元件，可以自动完成窝口全过程。该机器操作简单，工作效率高，自动化程度高，一般三人配合每小时可窝口1 200～1 500个栽培袋，是气动装袋机的最佳组合产品，适合日产1万～3万个菌袋的生产企业使用。

5. 电动自动窝口机 此款窝口机采用电动和机械传动相结合的方式进行窝口。优点是动力由电机提供，不是由气体推动，操作简单，

图4-4 气动自动窝口机

便于维修，工作效率比较高。一般每小时可窝口1 000个栽培袋左右。目前该机器有卧式和立式两种，主要以立式的为主（图4-5）。

图4-5 电动自动窝口机

（四）接种方法和接种设备

因为黑木耳必须熟料栽培，而且黑木耳菌丝纤细，抗感染能力弱，所以黑木耳菌袋生产的接种过程必须在无菌的环境下进行。在黑木耳长达几十年的栽培生产过程中，广大种植户总结了许多简单易行的接种方法，一些设备厂家也生产出了许多接种净化设备。

1. **酒精灯组合接种方法**　本方法是利用酒精燃烧所产生的热空气将空间隔离而产生无菌区来进行接种操作。具体操作方法是：在一个直径20~40厘米、高30~40厘米的铁桶内放置3~4个酒精灯，在桶口部位放置一块和桶口大小一致的筛网。使用时在接种室或养菌室内将酒精灯点燃，然后两人一组，在桶口上方10~15厘米处接种。在使用过程中要注意：①接种全过程菌种和栽培袋不要离开桶口的无菌区域。②接种人员互相配合，一定要熟练，一人拔棒一人放菌种，接种过程一定要快。③接种前接种区域地面一定要洒水预湿或铺设新塑料薄膜，接种过程要尽量避免扬起灰尘。

2. **蒸汽保护接种法**　本方法是利用水蒸气将空气隔离而产生无菌区的一种接种方法。该方法由两个部分组成，即蒸汽发生器和蒸汽接种区。蒸汽发生器可以就地取材，比如电热壶、电饭锅、小型蒸汽锅炉等都可以作为蒸汽发生器，在接种过程中也是两个人配合，操作方法和酒精灯组合接种方法大致相同。

3. **接种箱接种法**　接种箱可以根据自己的生产规模大小制作。接种箱要一箱一熏，长时间不用的接种箱初次使用要提前消毒处理。具体方法为：先将接种箱内杂物清除干净，然后将待接种的栽培袋和所用工具放入接种箱内，用二氯异氰尿酸钠熏蒸接种箱30~40分钟。散去余味，即可开始接种。接种前用75%酒精棉擦抹双手、母种试管、栽培袋（瓶）外表，然后点燃酒精灯，按照接种操作用灼烧过冷却的接种钩将带有菌丝的培养基从试管转移至栽培袋中，然后扣回栽培袋的无棉盖体。接种完毕，熄灭酒精灯，将已接好种的瓶或袋移至培养室培养。

4. 离子风接种器接种法　离子风接种器是依靠高压放电产生有杀菌效果的臭氧从而形成相对无菌区的一种接种设备。因这种接种方式可以整筐接种，所以工作效率很高，但是它也有对环境要求高、接种人员容易过敏等缺点。在使用过程中要注意以下几点：①要在开机 10 分钟后进行接种操作，如开机后发现没风或风弱要立即停机检修。②接种要在专门的接种室内进行，接种前要对接种室进行常规的消毒降尘处理。③接种机要每天清理两次。

5. 空气净化接种器接种法　空气净化接种器是靠高效空气过滤器（FFU）将空气中的杂菌过滤掉而产生洁净的无菌空气，从而形成无菌区以进行接种的设备。空气净化接种器因其无毒无害无化学成分，接种效率高等特点，得到了广大种植户的肯定，近几年广泛地被各基地和种植户所使用。空气净化接种器在使用中要注意：①一定要配备专门的接种室，接种室在使用前要进行常规的消毒降尘处理。②接种时不要离开有效风区。③接种过程中不要随意走动、开门。④接种器每工作 100 小时用压缩空气或吸尘器清理高效过滤器一次。

6. 空气净化无菌接种通道接种法　空气净化无菌接种通道一般由两部分组成，即空气净化系统和动力传送系统。空气净化系统一般选用过滤效果为 99.9％的 FFU 风机系统。根据接种车间大小和工作区域大小进行组合。动力传送系统一般采用后托辊传送，根据传送距离可选用有动力传送和无动力传送。一般接种通道采用垂直送风方式。接种通道空气净化程度高，接种效率高，因此一些大型栽培袋生产企业和生产基地多采用这一方法进行接种（图 4-6）。

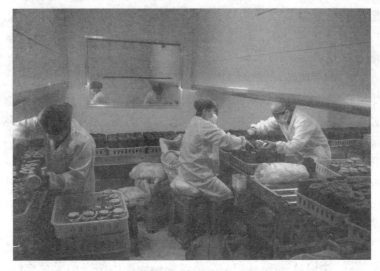

图 4 - 6 空气净化无菌接种通道接种法

7. 液体菌种数控定量接种机 液体菌种数控定量接种机是利用蠕动泵或气泵，将液体菌种定量喷入接种部位的设备。接种效率可达 3 000 袋/小时，接种量可自行调节，可以通过手柄控制或脚踏控制。喷射接种使菌种在短时间内均匀布满料面，自动化程度高，可避免人为造成的菌袋污染。

8. 锯末接种铲（枪） 锯末接种铲（枪）是指用来盛取锯末固体菌种并将其推送至待接种栽培袋的装置（图 4 - 7）。锯末接种铲（枪）有多种形式，常见的有直推式和枪式两种。直推式接种铲借助弹簧弹力将锯末菌种推入接种穴。枪式接种器扣动扳机将锯末菌种推入接种穴。

（五）开口设备

1. 手持式开口器 手持式开口器是指手持式用于黑木耳菌袋打孔的工具，一般呈拍子状，一端安装有刀头，用于开口，另

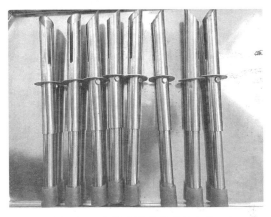

图4-7 直推式锯末接种铲（枪）

一端手持（图4-8）。开口的口形依据安装的刀头而定；开口排列的间距依据右手托举转动菌袋的角度而定；深度依据拍子拍打菌袋的力度而定。

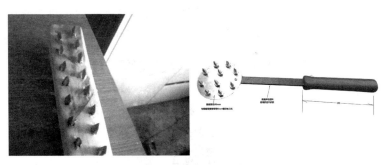

图4-8 两种手持式开口器

2. 案板式开口器 案板式开口器（图4-9）是将菌袋在安装有刀头的板子上滚动以实现开口的装置，是一种非手持式开口器。开口的口形依据安装的刀头而定；间距依据案板上安装的刀头的矩阵而定；深度依据滚动时按压菌袋的力度而定。

图 4 - 9　案板式开口器及使用

　　3. 按压式滚轮开口机　按压式滚轮菌袋开口机（图 4 - 10）通过人力向下按黑木耳菌袋，借助弹簧的按压力，利用安装在滚轮上面的刀头的挤压来完成对菌袋的开口。3 人配合，每小时可完成 800 个菌袋的开口工作，效率是手持式开口器的 5 倍。目前

图 4 - 10　按压式滚轮开口机

有的厂家已经对按压式滚轮开口机进行改装，将进袋口由竖直式改为卧式，安装了电动式的菌袋推送装置，由传送带将菌袋送入开口刀头处，提高了开口效率，降低了被刀口划伤的风险。

4. **电动滚板式开口机**　电动滚板式开口机通过传送带与黑木耳菌袋之间的摩擦力向前推送菌袋。借助弹簧的按压力，利用安装在上面（或下面）的刀头的挤压来完成对菌袋的开口（图4-11）。3人配合，每小时可完成2 400个菌袋的开口工作，效率是普通手动开口机的2～3倍，是手持式开口器的10～15倍。

图4-11　三种电动滚板式开口机

（六）采耳工具

黑木耳采收时工作较为繁重，用工较多，是出耳管理用工的主要环节。为此，菌袋夹、菌袋叉、菌袋转盘等小工具被研发出来并应用到实际生产中，以降低采耳时的劳动强度，提高工作效率。

1. **菌袋夹** 菌袋夹是一种类似于砖夹子的用于抓取黑木耳菌袋的用具，可以减轻长时间抓握菌袋带来的手部肌肉的酸痛。市面上有两种菌袋夹（图4-12）。

2. **菌袋旋转托盘** 菌袋旋转托盘（图4-13）是用于采耳时支撑菌袋的工具，其由固定部分和托盘两部分组成。固定部分用于卡在采收桶或筐边沿；托盘用于支撑菌袋，托盘安装有轴承可以转动，从而带动菌袋转动，以便于菌袋上耳片的采摘。

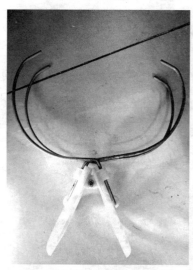

图4-12 黑木耳菌袋夹　　　　图4-13 菌袋旋转托盘

3. **菌袋叉** 菌袋叉（图4-14）是用于采耳时拿取菌袋的工具。其不同于菌袋夹，是将插针横向插入菌袋，从而端起菌袋的工具。插针在插入菌袋的同时，可以为菌丝通氧，有利于培育健壮的菌丝。

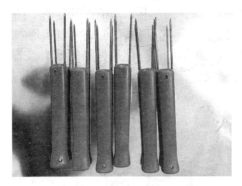

图 4 - 14　菌袋叉

（七）黑木耳分级加工设备

1. **分级筛**　分级筛是利用不同孔径的筛子将不同规格的耳片分开的设备。有手动筛和电动筛两类。

2. **茶叶耳加工机**　茶叶耳加工机是指用于茶叶状耳片的加工定形装置，其结构和工作原理类似于茶叶的加工设备。

（八）喷灌设备

1. **分水器**　分水器实际是简易的三通或多通，用于水的分流。黑木耳出耳时呈畦床式摆放，为了保证各支管的水流均匀，需要保持各支管水压的一致，因此，菇农们自制了分水器。

2. **水泵**　黑木耳生产喷灌用水有取自河水的，也有抽取的地下水。一般都会建蓄水池，以保证水质的稳定。由蓄水池抽水到地头，一般需要水泵。动力由燃油机或电机提供。

3. **微喷及喷头**　黑木耳生产喷灌末端一般采用微喷，仅有少数地区还沿用水带。微喷比水带喷水更加均匀，节水效果明显，值得推广。一般使用旋转式微喷头，效果优于折射式的。喷头的布要求喷幅覆盖畦床内所有菌袋，无死角。

4. **定时器**　定时器是通过定时开关和电磁阀实现喷灌的自

动开启和关闭的装置。黑木耳浇水依据耳片的不同发育时期和不同节气的气温情况而定，定时器的应用可以实现省工、省时，十分方便。有的菇农因地就简，使用简易的定时装置（图4-15），建议使用时注意安全。

图4-15　简易定时微喷装置

二、黑木耳生产所需原材料

黑木耳属木腐菌类，因此在代料栽培生产中一般以木屑为主料进行生产，但为了提高产量，在生产中还会添加一部分麦麸、豆粕以及石膏、石灰等辅料。近几年在生产中有很多种植户由于原材料选择不当而造成了减产甚至绝产，为了解决这一问题，下面对黑木耳生产所用原材料加以介绍。

（一）主料

1. **木屑**　木屑是黑木耳生产中应用量最大的原材料，适合黑木耳生长的木屑树种一般为阔叶硬杂木，如白桦、枫桦、刺槐、榛、国槐、风柳等树种都可以。近几年随着天然林禁伐政策的实施，一部分地区采用苹果、桃、梨、核桃、板栗等树种的木屑进行黑木耳栽培，也取得了很好的效果。

在黑木耳生产中使用的木屑一般分为两种，一种是用木屑粉碎机粉碎的专用木屑，这种木屑一般颗粒较大，直径在 0.6～0.8 厘米；一种是木材加工厂产生的锯末，这种木屑比较细。使用木材加工厂的木屑一定要慎重，要搞清楚木屑的种类，有些木材加工厂加工的不是单一的木材，一旦混入松杉木屑，会对菌丝生长带来不利的影响。

黑木耳生产中木屑的选择应该遵循以下原则：①就近原则；②成本最适原则；③粗细搭配原则；④各树种搭配原则。

2. 麦麸　麦麸在黑木耳生产中的主要作用是提供氮源，一般添加量为 8%～15%。在黑木耳生产中麦麸的选择也比较重要，一般要选择大片、含面粉的麦麸，而且要求不添加防腐剂。目前市场上有一部分商贩和厂家为了增加利润，向麦麸中添加一部分稻糠，更有甚者添加石灰、石膏、沙土等物质，所以广大种植户在购买时一定要注意辨别，避免因麦麸中掺假而影响生产。

掺假麦麸掺入的通常有三种物质：一是稻壳粉、花生壳粉等农作物下脚料；二是滑石粉、石粉等能够增加重量的物质；三是加入了防腐剂。麦麸掺假情况严重时最高掺假比例达到 30%，这样的麦麸用来栽培食用菌，会给生产带来很大的损失，因此要学会识别掺假麦麸。下面介绍几种辨别掺假麦麸的方法。

（1）观察法　大片的粗麦麸纯度相对高，新鲜、干净的麦麸的纯度更高。相反，小颗粒的细麦麸的纯度相对低，表面发暗、发黄、杂质较多的麦麸纯度较低。

（2）手握法　将手插入麸皮中，然后抽出，如果手指上附有许多白色粉末且不易抖落，则说明掺有滑石粉，如易抖落则是残余面粉。再用手抓起一把麸皮使劲握，如果麸皮很易成团，则为纯正麸皮；若握时手有涨感，则说明掺有稻糠。

（3）浸泡法　取少量麦麸放入透明容器中，加入 10 倍量的水搅拌后静置 10 分钟，如有掺假，可以看到有贝壳粉及沙土沉于水中，或上面漂浮着花生壳。

(4) 手搓法 将麦麸用手指搓磨时，纯度高的麦麸的手感是发涩的；如果扎手则表明纯度低；感觉麦麸里有圆柱状物的纯度低；感觉手指头滑溜的，不但纯度低，还可能掺了滑石粉。

(5) 闻味法 抓一把麦麸凑近闻，有正常麦香味的纯度高，有发霉味、苦涩味的纯度低。

(6) 品尝法 将麦麸放入口中，如掺有贝壳粉或沙土会有磨牙感。

(7) 化学反应法 将麦麸样品中加入 10％盐酸，若有气泡产生，说明掺有滑石粉或贝壳粉。

(8) 镜检法 在显微镜下，能够清晰看到表面有"井"字形条纹的物质即为稻壳，滑石粉、贝壳粉和沙土在显微镜下也可以清晰地分辨出来。

(9) 化学分析法 用化学分析的方法测定麦麸中营养物质的含量，能更准确鉴别其中是否掺假。①粗蛋白含量，一般纯小麦麸粗蛋白含量为 14％～16％，而掺假的小麦麦麸则低于这个范围。②粗灰分含量，纯小麦麸粗灰分含量在 5％以下，而掺有滑石粉的麦麸粗灰分含量要高于这个指标。

除了仔细鉴别掺假麦麸之外，应尽量购买品牌面粉厂的麦麸，在购买的同时要在双方认可的情况下进行封样，当生产上出现问题的时候，将样品送到双方认可的机构进行检验。

3. **米糠** 在水稻主产区，通常使用米糠作为代替麦麸的氮源补充物质。米糠的质量直接影响到最后的单产和菇质，因此米糠的质量检测就非常重要。米糠掺假主要是掺入粉碎的稻壳，即壳粉，要想识别米糠是否掺假，最好是能够到大米加工厂看一下大米的加工过程。加工过程是：水稻先脱去稻壳，再通过鼓风机吹去稻壳，之后就是脱去米糠的环节，脱下来的米糠，经过风机吸出。一般大型大米加工厂的设备运行比较稳定，能够将稻壳完全脱去，而一些小型大米加工厂的设备落后，加上维护不利，很容易出现脱壳不彻底的情况。

（二）辅料

1. **豆粕** 大豆粕是大豆经过榨油后的副产品，大豆粕的粗蛋白含量在 30%～50%。食用菌栽培使用的大豆粕一般是高蛋白大豆粕，粗蛋白含量在 43% 左右。配方中添加大豆粕可以增加氮含量，使产量明显提高。

豆粕在黑木耳生产中主要是提供氮源，一般添加量为 2%～3%。由于市场上出售的豆粕多数呈颗粒状，因此在使用前要先用粉碎机粉碎一下，在有些地区也有用黄豆直接粉碎添加的，个人认为效果没有豆粕好，但是如果确实购买不到豆粕也可以用黄豆粉替代。

2. **石膏** 石膏的主要成分是硫酸钙。在生产中一般购买熟石膏。石膏在黑木耳生产中主要起两方面的作用，一方面是补充钙和微量元素，一方面是延缓 pH 的下降（起一定的缓冲作用）。在生产中一般添加量为 1%。为了降低成本，石膏销售商往往会在石膏中添加一部分工业石灰，这种石膏加入培养料后会造成 pH 升高，并且有重金属超标的风险，所以在生产中要尽量购买食用级的石膏粉。

3. **石灰** 在食用菌配方中使用的石灰通常是熟石灰，即氢氧化钙 [$Ca(OH)_2$]。其在食用菌生产中主要用来调节配方的酸碱度（pH），添加量虽然只有百分之几，但却起着举足轻重的作用。在黑木耳生产中石灰的添加量一般为 0.5%～1%。购买石灰只有一个指标就是 pH，在生产中我们一般要求用于培养料添加的石灰的 pH 在 13 以上。有一点还需要注意，在一个生产季中尽量购买同一厂家同一批次的产品，否则需要重新测定 pH 计算添加量。

三、黑木耳生产所需物资

(一) 制种物资

1. **枝条** 枝条是食用菌制作枝条菌种的材料，一般为软木质地。规格形式有多种，长度一般为 12～15 厘米。目前常用来制作枝条种的材料有雪糕板、一次性筷子和专用菌种枝条。

2. **无棉盖体** 无棉盖体（图 4 - 16）是制作菌种或栽培袋时用于塑料袋封口的物资，为塑料材质。无棉盖体结构分套环和盖两部分。盖中央有一直径 1.1 厘米的孔，下垫一层海绵或无纺布，盖体下衬一张有 6 个小孔的塑料薄片。使用时在套环上盖上盖子，压紧即可。

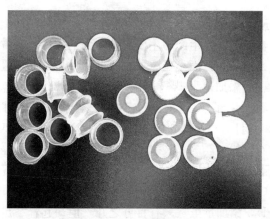

图 4 - 16　无棉盖体

(二) 制袋（棒）物资

1. **塑料袋** 塑料袋在生产中也起到至关重要的作用。黑木耳制种时一般选用聚丙烯材质的塑料袋（图 4 - 17 上），而制袋时塑料袋材质一般选用聚乙烯类（图4-17下），要求伸缩性好，厚度在0.03～0.035毫米，以保证与培养料的贴合度，防止发生袋料分离，袋内憋芽。黑木耳生产中要根据不同的生产季节、不同的品种和不同的开口方式来选择塑料袋的规格。一般来说，春耳要选择规格（折幅×长度）为（16.2～16.5）厘米×（36～38）厘米的塑料袋；秋耳一般选择规格（折幅×长度）为16.2厘米×34厘米的塑料袋。无筋的品种一般选择袋重2.4～2.6克的塑料袋；多筋品种可以使用2.6～3.4克重的塑料袋。出耳时武器为圆钉口形一般选择2.4～2.6克的塑料袋。

图4-17　塑料袋（上为聚丙烯袋；下为聚乙烯袋）

2. **棉塞或海绵块**　棉塞在生产中起到为塑料袋封口的作用，可以购买废棉或比较便宜的纤维棉，也可以购买现成的海绵，但是无论哪种材质，在使用时一定要和栽培袋一起进行灭菌。

3. **空心棒**　空心棒（图4-18）是插入窝口的黑木耳栽培袋内，随栽培袋一起灭菌的塑料棒状物，能起到支撑栽培袋，为接种穴定型的作用。也有人将空心棒改进，与防水盘配合使用。

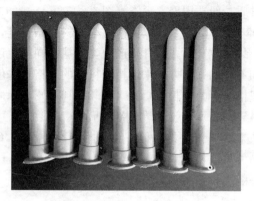

图 4 - 18　空心棒

（三）灭菌物资

1. **防水帽**　防水帽（图 4 - 19）是在栽培袋灭菌前放置在栽培袋窝口一端的塑料帽状物，以防止灭菌时蒸汽打湿棉塞或海绵块，引起杂菌污染。

图 4 - 19　窝口栽培袋灭菌防水帽

2. **灭菌筐**　灭菌筐（图 4 - 20）是灭菌时为了搬运方便，用来盛放栽培袋，增加栽培袋间空隙，提高搬运及灭菌效率的周转容器。一般采用钢筋焊接（称为"铁筐"）或是耐高温塑料成形（称为塑料筐）。铁筐结实耐用，但成本较高，而且易生锈，正逐渐被塑料筐代替。

图4-20 灭菌筐及灭菌车

（四）出耳物资

1. 带孔地膜 带孔地膜（图4-21）主要铺设在出耳场地的畦床面上，可以防止杂草生长，也可以起到防止浇水时泥沙飞溅到耳片上的作用。地膜带有孔洞，多余的水分可以渗入泥土中，浇水停止后，水分蒸发还可以形成水汽，增加出耳环境的空气湿度，具有一定节水的作用。

图4-21 带孔地膜

2. **草帘** 草帘主要用于黑木耳栽培袋开口后的催芽环节（图 4 - 22）。在温度较低时可以保温；在温度较高时，可以起到遮阴的作用，还能透气，不会引起烧菌。草帘有一定的保湿、防风作用，在春季催芽时作用重要。选用草帘要使用薄厚适中的，以单层盖上不见菌袋即可。如果早春气温过低，风大，气候干燥，可以在草帘下的菌袋上盖一层地膜，增强保温、保湿的作用。

图 4 - 22 草帘在催芽时的应用

3. **吊袋绳** 吊袋绳是黑木耳吊袋生产中支撑菌袋，并将其固定在空中的绳索。最早使用布条、塑料绳作为吊袋绳子，并不结实。后来发展到尼龙绳，使用寿命大大延长，可达 3～4 年。一般固定一串菌袋（6～8 个）需要两根或三根尼龙吊袋绳。

4. **吊袋托** 吊袋托（图 4 - 23）是为了固定吊袋绳上的黑木耳菌袋的小装置，有两角挂钩（钩状）和三角挂钩两种，分别对应两绳吊袋法和三绳吊袋法。有铁质和塑料材质之分。一般吊袋托和所吊菌袋数量相等。使用时，两角挂钩较为方便，三角挂钩需要将三根吊绳穿入三角挂钩。

5. **晾晒网及晾晒架** 黑木耳采收后需要晾晒干制，晾晒需要

图 4-23　吊袋托（左：两角挂钩；右：三角挂钩）

在晾晒架上完成。晾晒架有木制和钢制两种，上面铺设晾晒网（图 4-24）。晾晒网要选用专用的，使用寿命 2～3 年。劣质的晾晒网质量差、寿命短。一般要求晾晒网架有遮雨棚，以防下雨淋湿木耳。晾晒架可以设计成两层或多层，以节约土地。

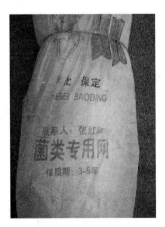

图 4-24　晾晒网

第五章

黑木耳菌袋（菌棒）制作

黑木耳菌袋也就是我们常说的出耳棒。三级菌袋是直接用来进地出耳的，所以在制作过程中的每一个细节都直接影响到后期的产量，而且在出耳期的很多病害也是菌袋制作期留下的隐患，所以菌袋制作至关重要，广大种植户一定要认真对待。一句话"菌壮耳肥"就是讲菌袋制作的重要性。具体操作细节如下。

一、常用培养料配方

因黑木耳属木腐菌，所以常用的培养基配方多为木屑配方，但因各地资源不同，加之近年来天然林禁伐政策的实施，自2008 年开始笔者进行了黑木耳代用培养基的筛选试验，以下是培养基配方。

（一）木屑培养基

配方一：木屑 86％，麦麸 10％，豆粕 2％，石膏 1％，石灰0.5％～1％。配方二：木屑 81％，麦麸 5％，稻糠 10％，石膏1％，豆粕 2％，石灰 0.5％～1％。以上木屑培养基配方中麦麸要求大片不添加防腐剂，稻糠要求用磨米下来的精糠，石灰的添加量应以 pH 为标准，要求拌完料后 pH 为 7.5～8，石膏应该用食用石膏粉。

（二）木屑加玉米芯培养基

配方一：木屑 58%，玉米芯 30%，麦麸 8%，豆粕 2%，石膏 1%，石灰 1%。配方二：木屑 56%，玉米芯 30%，稻糠 10%，豆粕 2%，石膏 1%，石灰 1%。以上配方中要求玉米芯大小不超过 0.6 厘米，木屑应为粗细各一半为好，特别注意 3 点：玉米芯使用前要充分预湿；pH 在拌料后应在 8 左右；培养料要现拌现用。

（三）木屑加棉籽壳培养基

配方一：木屑 48%，棉籽壳 40%，麦麸 10%，石膏 1%，石灰 0.5%～1%。配方二：木屑 43%，棉籽壳 40%，麦麸 5%，稻糠 10%，石膏 1%，石灰 0.5%～1%。在以上配方中，棉籽壳要求用中壳中绒的，而且使用前要提前预湿。因棉绒吸水性强，所以在拌料过程中要格外注意含水量。

（四）木屑加豆秸培养基

配方一：木屑 58%，豆秸 30%，麦麸 8%，豆粕 2%，石膏 1%，石灰 0.5%～1%，磷酸二氢钾 0.1%。配方二：木屑 53%，豆秸 30%，麦麸 5%，稻糠 8%，玉米面 2%，石膏 1%，石灰 0.5%～1%，磷酸二氢钾 0.1%。以上配方豆秸要求粉碎成 0.6 厘米以下的颗粒，最好在使用前 6 天拌水闷堆，使其充分软化，防止装袋过程中刺破菌袋。

二、拌料

（一）拌料方法

拌料可以用拌料机（图 5-1）进行，也可以人工拌料，具体操作方法为：按上述配方将主辅料称量配比。因主料在购买过程中多含有一些水分，不建议直接称重配比。一般应该在一批原料购进之后用烘干法将主料烘干后测出含水量，然后再进行称量配比。配比好主辅料之后用电动筛子筛去料中的木块、石块等杂质，防止其在装袋过程中卡死机器。然后先干拌两遍再加入合适的水分，再拌两遍使其充分均匀。要求料的含水量在60%左右，具体的检测方法为手握成团，手指间有水渗出而不下滴为宜。

图 5-1 拌料机械

（二）注意事项

在拌料过程中要注意以下几点：

1. 主料和辅料配比一定要准确，不要有大致、可能等概念。

2. 料水比一定要合适，不要太干或太湿，一次拌料如湿度过大可以再加入一部分拌好的培养料，不要只加主料不加辅料。

3. pH 要在标准范围之内，最好一天测几次 pH，在更换石灰和主料以后更要加以注意。

4. 拌料之前粗木屑、玉米芯、豆秸粉等吸水较慢的材料一定要预湿处理，必须保证其吸透水。

5. 在气温超过 20 ℃时料一定现拌现用，做到料一天一清，不要存有隔夜料。

三、装袋

（一）填料

拌料之后要马上装袋，装袋一般用装袋机进行。一般的装袋机 1 小时可以装 800～1 000 袋，需要 6～10 人配合（图 5-2）。

图 5-2 填料（装袋）

短棒木耳现在大多数采用窝口、中心接种的方式进行生产。装袋的要求是袋要装紧，越紧越好，长短一致，栽培袋装的松紧度直接影响后期产量和黑木耳质量。如果装袋过松可能会导致出耳后期的袋料分离，造成憋芽及青苔滋生、绿霉感染等一系列问题，所以一定要注意。在装袋过程中栽培袋的长短也有一定的要求。同样规格的栽培袋，装料过多会造成窝口内塑料袋太短导致封口不严而感染杂菌；装料过少会使窝口内塑料袋过长而影响菌种接触培养料和栽培袋上部透气性，影响菌丝定殖和长势。具体装料量见表 5-1。

表5-1 塑料袋装料参考表

塑料袋规格〔折幅（厘米）× 长度（厘米）〕	料柱高（厘米）	料柱直径（厘米）	重量（千克）
16.2×33	19	10.5	1.1
16.2×34	20	10.5	1.2
16.2×35	21	10.5	1.3
16.2×36	22	10.5	1.35
16.2×38	24	10.5	1.4

（二）窝口

在装袋过程中窝口是一个重要环节，窝口可以手工进行，也可以使用窝口机，一定要注意窝口要求："一平二紧三匀"，"一平"是指料面要平，"二紧"指袋口要紧，"三匀"指窝口部分要匀、大小一致。窝口之后将栽培袋放入铁筐中，装筐方式目前有两种，一种是将栽培袋倒立放入，这种方式简单易行，但是后期接种要进行翻筐，调整栽培袋方向使窝口朝上，比较麻烦，而且会增加栽培袋破损率，所以仅适用于小规模生产；另一种方式是将栽培袋正立放入筐中，上面再加盖防水帽或塑料袋防水，这种方式因省工、效率高等特点，在各大栽培袋生产企业广为使用。

在装袋过程中我们要注意以下几点：

一是装袋要注意控制栽培袋松紧程度和装料量，尽量保持栽培袋长短、松紧一致。

二是仔细检查栽培袋质量，发现不合格以及破损栽培袋一律倒掉重装。

三是窝口要求做到"一平二紧三匀"，保证每个栽培袋窝口质量达标。

四是装好的栽培袋要轻拿轻放，防止栽培袋二次破损。

四、灭菌

（一）灭菌方法

灭菌在东北地区也称蒸锅，就是用蒸汽杀灭栽培袋内所有微生物的过程。在黑木耳生产中一般采用常压灭菌法，可以用灭菌灶、常压锅炉或灭菌包等形式进行。一般常规的方法是把锅内栽培袋加热到 100 ℃保持 8～10 小时，然后再闷 5 小时左右。

（二）灭菌注意事项

灭菌是黑木耳生产中的一个重要环节，在菇农中流传着一句话叫"蒸不好，坏一片；灭不透，坏一年"，这足以说明灭菌的重要性，在灭菌过程中要做到"一快二稳三缓慢"外加"一干净"。

"一快"是指升温要快，一般情况下要求从点火到栽培袋内部温度达到 100 ℃要在 5 小时内完成，也就是所谓的"攻头"。

"二稳"是指保温要稳，也就是说栽培袋温度达到 100 ℃到灭菌结束的 8～10 小时之间要一直把温度稳定在 100 ℃，不要使温度产生波动。

"三缓慢"是指闷锅期间温度下降要慢，一般情况下要求闷锅过程的 5 小时内栽培袋温度尽量不要低于 75 ℃。

"一干净"指冷空气排放要干净。不管用什么方式灭菌一定要注意冷空气的排放，一般情况下要求在升温过程中把全部排气阀打开，等到排气阀的蒸汽呈直线状喷出时将排气阀部分关闭，一直到灭菌结束。注意不要将排气阀（口）全部关闭。

灭菌结束后要马上将栽培袋搬入冷却室冷却，冷却室要提前用臭氧机或二氯异氰尿酸钠消毒。如果冷却室有进气和排气孔，一定要在进气和排气孔上加装过滤装置，以免栽培袋在冷却过程中吸入杂菌。

五、接种

接种简单地说就是将菌种放入栽培袋内部的操作过程。接种要在专门的接种室内进行，一般两三个工人配合进行。

（一）操作流程

接种室预消毒→栽培袋消毒→工人进室→拔出空心棒→放入菌种→塞棉塞→完毕。

接种室在使用前要进行预消毒处理，方法为：

1. 将 84 消毒液稀释 200 倍后喷洒于接种室墙壁、地面，然后按每立方米 4～5 克用量的二氯异氰尿酸钠熏蒸接种室半小时。

2. 用稀释 500 倍的新洁尔灭消毒液喷洒接种室墙壁、地面，然后按每 2 米^3 一片用量的必洁仕熏蒸接种室半小时，两种方法尽量轮换使用。

接种室预消毒之后把待接栽培袋搬入接种室，再用上述药物消毒一次，有的种植户没有专门的冷却间，也可以把冷却间和接种间合并使用。消毒并待气味散发掉之后就可以进行接种操作了。接种要在专门的无菌区内进行，可以使用离子风机、空气过滤器等设备来创造相对无菌区。一般接种时两个工人配合进行，一人拔去空心棒、塞棉塞，一人放菌种。两个人一定要配合好，接种速度越快越好。

（二）技术要求

接种的具体技术要求如下：

1. 接种尽量要在专业的接种室内进行，接种室大小要求在 10～20 米^2 之间，室内配有紫外线消毒灯、空气净化机、酒精灯等必要设备和工具。

2. 接种工作开始之前要对室内和栽培袋进行消毒。

3. 接种工作开始之前一定要把残留药物释放干净，以减少对人体的伤害。

4. 接种的菌种量要适中，以填满接种孔而不塞紧为宜。

5. 接种过程中要尽量创造两个温差，即接种室温度要比气温高 2～3 ℃，栽培袋温度要比接种室温度高 2～3 ℃，以减少栽培袋污染率。

6. 接种人员一定要注意个人卫生，接种时要有专用工作服，必须戴口罩，尽量不要交谈和做剧烈运动。

7. 在整个接种过程中要保持地面和空气湿润以减少浮尘。

六、养菌

黑木耳养菌（图 5-3）要在专门的养菌室内进行，养菌室要求有取暖设施，有专用养菌架和合适的通风系统。黑木耳栽培袋接种后要马上移入养菌室养菌，养菌过程中主要的工作是控制温度和通风，养菌期温度和通风的控制直接影响菌丝的质量和菌棒和成品率，黑木耳出耳期间的很多病害和养菌期的温度有直接关系，所以养菌期应严格控制各项技术指标。

图 5-3　养　菌

（一）技术要求

1. 菌袋进入养菌室的前 7 天主要以保温为主，一般要求袋内温度为 25～28 ℃，以促进菌丝尽快萌发吃料。在此期间要每天通风一次，以养菌室无明显异味为标准。

2. 菌袋进养菌室 7～20 天，菌丝生长速度明显加快，菌袋内温度明显升高，要适当下调菌袋内部温度，一般要求在 24 ℃左右，在此期间要注意加大通风，每天最少通 3 次风，通风要求对流。在此期间还有一个问题要注意，就是每天要人为地创造 3 小时左右养菌室内的温差，要求温差一般在 5 ℃左右，这样做有利于菌袋内部废气排出，从而有助于菌丝快速生长。

3. 菌袋培养 20～35 天时，要继续下调其内部温度以利于菌丝健壮生长，一般要求温度在 22～24 ℃之间，期间应继续加大通风量。

4. 菌丝一般在 35 天左右会长满菌袋，菌丝长满菌袋以后根据品种的特性要继续培养 7～30 天，一般早熟品种后熟培养 7 天左右，中熟品种后熟培养期为 15 天左右，晚熟品种后熟培养期为 30 天左右。后熟培养期要把温度调整到 20 ℃以下。

（二）注意事项

在黑木耳养菌期要特别注意以下几点：

1. 养菌室在进菌袋前 15～20 天要进行杀菌杀虫处理，尤其是老菇房更要注意。

2. 养菌期要严格按菌丝各生长期所需控制温度和通风，严防温度过高烧菌。

3. 在整个养菌期间要注意保持养菌室黑暗，避免因光照刺激提前出耳。

第六章

出 耳 管 理

黑木耳菌袋经过 45～60 天的培养，菌丝一般就会长满整个菌袋，再根据其品种特性进行 10～30 天的后熟培养就可以进行开口出耳管理了。黑木耳的出耳管理非常重要，生产者经常说黑木耳是"三分种，七分管"。"种"指的是菌袋制作，"管"就是说的出耳管理。因此，制作菌袋关系到生产的成败，而出耳管理则关系到产量的高低。

出耳管理主要有以下几个步骤：开口→催芽→分床→育耳→采收→干制。以下就这几个方面做一下重点介绍。

一、开口

代料黑木耳因其菌袋外有一层塑料袋包裹，因此不能像段木黑木耳那样直接出耳，必须经过刺孔开口才能出耳。

（一）开口口形

根据市场对黑木耳耳片需求的变化，传统的大朵黑木耳已逐步退出市场，取而代之的是小片木耳，因此黑木耳的刺口也从大 V 形口、小 V 形口转成了现在的 Y 形口、圆钉口。以下把各种开口方式进行一下详细介绍：

1. **大 V 形口** 可以说大 V 形口是和代料黑木耳同时发明的，是最早的一种开口方式。具体做法是在黑木耳菌包四周（菌

袋表面）开 8～12 个边长为 3 厘米左右的 V 形口。开口要呈
"品"字形排列。这种口所产出的黑木耳大多呈菊花状，大朵型。
其优点是产量比较高，而且比较容易进行出耳管理。在 20 世纪
70 年代到 90 年代，这种方式一直是黑木耳种植的主流开口方
式。但近几年来，随着单片木耳的市场行情见好，这一开口方式
正逐渐地被小口木耳开口方式所取代。

2. **小 V 形口**　小 V 形口是从大口木耳转变到单片耳的一个
中间过程，使用的时间较短。具体的做法是在菌袋四周开 80～
100 个边长为 1 厘米的小 V 形口。开口时一般使用自制的拍刀或
开口机进行。这种开口方式所产出的黑木耳一般个体比较小，但
也是呈朵状。种植户一般在采收后再手工进行撕片，也就是常说
的"手撕片"。这种开口方式在催芽阶段也比较容易管理，产量
相对也比较高。但因其所生产的黑木耳形状不适应市场需求，因
此现在也很少被采用了。但这种开口方式可以作为初学者小规模
种植试验使用，效果比较好。

3. **丝锥口**　丝锥口在有些地区也被称为 Y 形口。开口时要
使用开口机。根据开口的大小又可分为 6 毫米、4 毫米等不同直
径。一般开口数量为 120～240 个。这种开口方式如果管理得当，
完全可以生产出单片黑木耳。因为其开口形状比较适合黑木耳生
长，因此一般不容易憋芽，较圆钉口容易管理，所以建议新手或
管理经验不足的种植户尽量选择这种开口方式。

4. **圆钉口**　圆钉口的开口方式基本和丝锥口一样，只不过
是把丝锥换成圆钉。一般也分为 4 毫米和 6 毫米直径两种。孔径
越大管理越简单，但黑木耳质量会降低。孔径越小管理难度会相
应增加，但黑木耳产量相对会提高。这种开口方式产出的黑木耳
几乎全是单片，耳根也比较小，如黑龙江省牡丹江市吊袋黑木耳
多采用这种开口方式。

种植户要根据自己的实际情况选择适合自己的开口方式。一
般而言，选择开口方式要遵循以下原则：一是市场原则。在黑木

耳主产区要看市场上哪种黑木耳好销售、价格高，就选择相应的开口方式。同时，参照主要种植户的经验，别人用什么样的开口方式，自己可以参考借鉴。二是技术原则。对照自己的技术管理水平选择相应的开口方式。新手尽量先选择易于出耳管理的开口方式，从易到难。三是地域原则。根据本地区的气候条件选择开口方式。一般无霜期短，气候干燥的地区要选择小 V 形口或丝锥口，反之可以选择圆钉口。四是菌袋原则。根据菌袋的发菌情况选择开口方式。一般菌丝健壮的菌袋适合开小圆钉口，而一些污染的或菌丝不健壮的菌袋要选择开大 V 形口。

（二）养口

菌袋开口后要继续培养 5～7 天，目的是让开口时受伤的菌丝得到充分恢复，也称这个过程为"养口"。

养口可以在室内培养架上进行，也可以在室外耳床上进行。养口环节也比较重要。如果此环节管理不到位，可以导致耳芽不齐、形成糊巴口等问题。因此，一定要按要求操作。具体的做法如下：

1. **室内养口**　室内养口可以在养菌室内进行。

（1）**操作方法**　将菌袋开口后单排或双层直立码放在养菌架上，然后调节室内温度为 25 ℃左右。

（2）**注意事项**　室内养口要注意几点：①养菌室要在开口前进行杀菌杀虫处理，尤其是杀虫尤为重要。②菌袋只能竖直立放，千万不能水平卧放、码垛，以防止过热，造成烧菌。③养口期间要注意加大通风，以满足菌丝生长所需要的氧气。④要注意室内温度千万不要太高，以防止高温烧菌。室内养口一般需要5～6天。等到开口处的菌丝长白即可入地进行催芽管理。

2. **大地耳床养口**　大地耳床养口就是在菌袋开口后，直接拉到耳床上进行养口。

（1）**操作方法**　将菌袋单袋直立码放在耳床上，袋与袋之间要留有 1～2 厘米的空隙，以利于菌床内空气的流通和光线刺激，从而形成耳芽。然后在菌袋上依次覆盖塑料膜和草帘。如果是秋耳催芽，可以不盖塑料薄膜，直接在菌袋上盖草帘即可。调节菌床内温度为 18～27 ℃，养菌 5～7 天即可进行催芽管理。

(2) 注意事项 室外耳床养口也要注意以下几点：①耳床在菌袋下地之前要进行杀菌杀虫处理，并用大水浇透。②开口后 5～7 天之内一定不要向菌袋上浇水或喷水。如遇雨天，要在耳床上加盖塑料薄膜防雨。③盖耳床的草帘不要太密，也不要太稀。要保证有适当的光线投射到耳床内。经验表明，草帘厚度以隐约看到耳床内的菌袋为宜。④经常观察耳床内的温度，控制温度不超过 28 ℃，并要经常进行通风。

二、催芽

催芽就是创造最适合黑木耳耳芽生长的环境，使耳芽尽快形成并冒出袋外的过程。

(一) 影响耳芽形成的因素

在黑木耳的催芽期影响耳芽生长速度和整齐程度的因素主要有光照、湿度、温度和通风四个方面，称之为催芽的"四要素"。实际上，催芽的过程就是协调这四个要素的过程。一般来说，在催芽阶段，湿度为第一要素，温差为第二要素，其余两个是辅助要素。因此，如何协调这几个要素的关系尤为重要。

(二) 操作方法

1. **耳床制作** 在黑木耳生产中我们首先要学会制作耳床。耳床要做成阳畦。一般耳床宽度为 1.5 米，床与床之间要留 0.5～0.6 米的采摘通道和排水沟。制作耳床要注意下几点：

(1) 耳床选址 出耳场地要选择在地势平坦的地块。选择出耳地块时要离水源近，方便取水；适当背风，空气湿度大；也要注意防洪排涝。

（2）消毒处理　制作耳床之前要对土壤进行杀菌杀虫处理。一般使用0.5％甲基硫菌灵喷施地面，然后撒毒死蜱或辛硫磷颗粒。如果是连年种植黑木耳的老地块要在制作耳床前深翻土地，并加倍用药。

（3）注意排涝　耳床要顺着地势进行修建，以利于排水。如果地势低洼，耳床要适当加高。

（4）耳床铺膜　耳床表面要覆盖薄膜，以防止出耳时泥沙污染耳片。薄膜最好选用打孔地膜。如果没有现成的打孔地膜，可以在码放菌袋的下方的地膜上打孔。

（5）杂草预防　在菌袋进地之前，铺设地膜之间，要先在耳床上打一遍除草剂，再铺设地膜。

（6）提早做床　春季出耳时，耳床最好在秋季完成。这样做有两方面的好处：一方面可以防止春季气温低、解冻慢而影响到菌袋进地、开口的时机；另一方面可以让太阳光中的紫外线对耳床进行消毒。

2．菌袋进地

（1）进地时间的选择　一般情况下，在每年早春，当地最低气温稳定在0℃以上时，菌袋就可以下地开口了。掌握合适的菌袋下地时间是生产优质高产黑木耳的关键。在东北地区，菌袋下地一般在谷雨节气前后，也就是在4月20日前后。我国幅员辽阔，气候差异较大，因此各地的种植户一定要查阅当地的气象资料，仔细研究本地的气候条件，抓住最适宜的开口时机。例如，对于北京地区，适宜的菌袋下地时间为春分前后，3月20日前后。

（2）操作方法　在菌袋开口之前，要提前对耳床进行杀菌杀虫处理。在北方地区，因早春气温较低，菌袋进地催芽时一般要密植摆放。这样做一方面可以积累菌丝产生的热量，增加耳床内部的温度；另一方面可以节省草帘、塑料膜等覆盖物的投入，从而节约成本。具体的做法是：将菌袋封口处的棉塞或海绵块取下，窝口朝下直立在耳床上，袋与袋之间留出1～2厘米的空隙，以利于通风。一般隔一床摆一床，分别称为"母床"和"子床"。分床时再将母床上的一半菌袋摆到子床上。一般情况下，1.5米宽的耳床一排摆放7个菌袋正好。每平方米大约可以摆放50个菌袋。也有的种植户将每个耳床分成左右两等份，催芽时在一侧摆放菌袋，另一侧留出空地，用于摆放催好芽分床疏减出的菌袋。这样做的好处是方便耳芽形成后的分床管理。注意在摆放菌袋的同时也要把事先铺设好的微喷头放倒，压在菌袋下面，以方便以后的浇水管理。摆完一个耳床的菌袋后，要用薄膜和草帘及时把菌袋盖上。要先盖薄膜，后盖草帘。如果风比较大的地区，要用石头把两边的薄膜严压，防止被风吹起。

3. 催芽期管理

（1）浇水催芽 在黑木耳的出芽期，浇水管理至关重要。一般情况下，开口前7天不浇水。等到开口处的菌丝愈合后再浇水。浇水以浇小水为主，要小而勤。可将微喷头的喷头拔下，压在菌袋下。如果有薄膜覆盖要好些。浇水的多少要通过查看耳床内的相对空气湿度而定。可以通过抚摸菌袋表面判断。若菌袋表面有一层细小的水珠，则表明湿度适宜。也可以查看覆盖的薄膜上的水珠情况加以判断。若薄膜内有一层明显的水珠，也表明湿度适宜。

（2）温度和光照管理 在这一时期要注意人工拉大温差。可以在晚间将薄膜的两边打开，这样既可以通风，又可以利用夜间温度低的条件来拉大温差。白天如果气温不高，可以打开（揭开）部分草帘。这样可以增加耳床内温度，增加温差的同时，也可以加大光照刺激，促进耳芽的形成。总之，在催芽期要牢记两句话：一是保湿为主，通风为辅。也就是说通风可以适当进行，而保湿必须保证常态化。二是刺激出耳。黑木耳耳芽的形成必须要有一定的刺激，包括较大的温差、较强的光照，因此在催芽期间一定要注意人为控制，进行一定的光照、温差刺激。

经过10～15天的管理，菌袋开口处就会形成小米粒大小的黑色颗粒，这就是耳芽。也有的菌袋耳芽会从开口边缘形成，俗称"耳线"。一般情况下，如果湿度管理较好，耳芽是以米粒状，从开口中央形成的。若湿度管理不好，耳芽是以耳线的形式从开口四周形成的。当然也不尽然，不同的黑木耳品种，耳芽形成的形式有所不同。随着耳芽的生长，浇水量和通风量也要随之增加，而温差刺激要逐步减小，以利于耳芽快速健康生长。一般在开口后15～20天耳芽就可以长到黄豆粒大小，完全长出袋外。这样的菌袋就可以进行分床管理了。

三、分床

黑木耳菌袋开口经过一段时间的催芽，耳芽基本都长出菌袋外面就可以进行分床了。

（一）菌袋分床管理的标准

检查菌袋是否达到分床的条件，一般有以下几个标准：一是每个菌袋的耳芽发生的数量占开口总数的60%以上，未形成耳芽的开口也都形成小耳芽或耳线；二是所发生耳芽基本长出菌袋或将开口处全部封住；三是开口超过30天，经过正常的催芽管理。

满足上述3个条件的菌袋便可以分床。

（二）操作方法

具备以上条件的菌袋要抓紧时间进行分床（图6-1）。如果种植量较大，一时难以及时分完床，可以先将草帘全部揭去，再逐一分床。具体的分床方法如下：先将耳床上覆盖的草帘揭去。

如果袋上的耳芽含水量过大，要先停水，晒一下袋，等耳芽的含水量降到70%左右时再进行分床操作。这样可以避免碰伤或碰掉小耳芽。然后两人一组，将一床上的菌袋分别摆到两个耳床上，要保证菌袋间距10厘米以上。

图6-1 分 床

(三) 分床后的管理

分床以后菌袋不要立即浇水，太阳晒1～2天，让菌袋上的耳芽全部干缩到开口处，然后再进行浇水管理。这样做，一方面可以使耳芽停止生长，使菌丝得到充分的休息；另一方面通过耳芽干燥和紫外线杀死菌袋和耳芽表面的杂菌以避免病害的发生。这也是黑木耳出耳期管理的一个特点，即"干干湿湿，干湿交替"。

四、育耳

黑木耳分床之后就进入了耳片快速生长期，因为分床之后随着气温的回升，气候越来越适合黑木耳的生长。一般主产区东北地区5月中旬至6月中旬是黑木耳最佳的生长时期。在这一时期产出的木耳产量高，质量好。因此，广大种植户一定要抓住这一有利时机进行管理，以取得最大的经济效益。

（一）水质的要求

黑木耳用水要求符合饮用水标准。目前有的产区取用河水进行喷灌，需要注意对水质检测，以符合国家标准。

（二）浇水的设备选型

浇水需要配备水泵、管道（支管和毛管）、喷头。有的地方使用水带浇水，不利于节水。对于干旱地区可以考虑挖建蓄水池。

（三）浇水的原则

黑木耳在养菌期间的主要工作是浇水。浇水的技术掌握到位与否直接关系到黑木耳产量与质量的好坏。广大种植户一定要扎实地掌握浇水的要领，具体浇水管理要遵循以下原则：

1. **分期浇水原则**　黑木耳生长一般分为耳芽期、伸片期和成熟期。因为各个时期耳片的大小和状态不一，对水的需求量也不相同，所以各个时期浇水要分别按要点进行。

在刚分床后，浇水要小而勤。因为这一时期耳芽太小，挂不住太多的水，而且还有一部分未完全封住开口的耳芽，因此浇水不可以过多。但又要通过增加浇水的次数来保证木耳生长所需的湿度。

随着耳片的生长要逐渐加大浇水量。当耳芽变成片状时就进入伸片期管理了。

伸片期的水分管理在整个黑木耳出耳管理中尤为重要。尤其对于无筋种类的木耳，比如"黑山"，如果伸片期管理不当，就有可能使得耳片产生经脉和改变耳片的形状，从而影响黑木耳的品质。一般情况下，从耳芽到耳片定型需要 7～10 天。这段时间要充分保证其生长发育所需要的湿度条件，以促使耳片尽快展开。这一阶段浇水要以大水为主，即保证耳片一直处于水灵灵的状态。但需要注意，也不可浇水过多。浇水过多会引起耳芽水肿，导致耳芽变红、腐烂。

成熟期是指耳片完全展开到采收这一段时间。这一阶段因黑木耳已经基本成型，而且抵抗能力也已加强，本阶段主要以维持湿度为主。一般情况下，只要能达到黑木耳能生长的湿度下限就可以了，千万不要浇水太大。如果浇水太大就会引起流耳、烂耳等一系列问题。原则是只要黑木耳吸水膨胀起来就行，而且可以分清耳片的正反面就好。

2. 看天给水原则 黑木耳因为露地地摆栽培，所以出耳管理一定要配合天气进行。一般的浇水原则是：

(1) 高温不给水 黑木耳适宜生长温度一般为 $10\sim28\ ℃$，当气温超过或低于这一范围时，要设法控制黑木耳耳片的生长。当温度超过 $28\ ℃$ 时或低于 $10\ ℃$ 时不浇水。一般情况下，气温低，浇水要选在白天气温高时进行。随着时间进入 6 月，白天气温升高，浇水应选在夜间进行。

(2) 阴雨天随湿给水 黑木耳如遇阴雨天生长特别快。有些种植户一旦遇到阴雨天就会停水等雨。这种做法是不正确的。笔者建议：当阴雨天时，尤其是小雨或阴天应该配合天气浇 1 次大水，让耳片充分吸水，然后再让自然雨水提供湿度，这样就不会错过黑木耳的最佳生长温度、湿度，从而达到让耳片快速生长的目的。

3. 干湿交替原则 黑木耳生产需要干干湿湿的环境。一般而言，"干长菌丝，湿长耳"。干是为了让菌丝得到充分休息，吸收足够的营养；湿的目的是为了让耳片快速生长。一般来说，耳片浇水 7~8 天就应该晒 1 次袋。一般 1 次晒袋 1~2 天。具体来说，干的标准是耳片、耳根全部变干，就像干的黑木耳一样。要做到"干湿交替，湿要湿好，干要干透"。

4. 分品种给水原则 黑木耳从耳片形状上大致分为多筋、

无筋和半筋 3 类品种。因各个种植户所种植的黑木耳品种不一样，所以浇水管理也有区别。通常，无筋种类的品种比较耐大水，在其出芽和耳片展开期所需要的湿度要比其他种类大一些，要适当地加大浇水量。而多筋种类的品种一般不耐大水，在浇水管理时要小而勤。半筋种类的品种介于前两者之间。

黑木耳的品种目前很多，建议广大种植户在种植过程中最好先摸清品种的特性，再进行针对性的管理。在同一地块种植不同的品种尤其要注意分开管理。

五、采收

黑木耳经过一段时间的浇水管理就可以达到采收标准了。此时我们要做到的是及时采收。黑木耳采摘的时机和方法直接影响黑木耳的质量和产量。与其他管理环节一样，采收工作也同样重要，需要引起注意。黑木耳的采收标准因其品种不同和管理水平不同而不同。一般要注意以下几点：

（一）及时采收

当黑木耳耳片完全展开，边缘开始变薄时，就要及时采摘了（图 6 - 2）。因为这时采收的黑木耳质量与产量都达到最佳。有很多种植户往往会有惜采的思想，认为越晚采收可以让耳片长到最大，这样产量会高。其实这是一个误区。因为当木耳错过最佳采收期后，耳片的增大只是体积上的增加，实际重量并没有增加，反而会因为孢子的释放而变轻。而延后采收常会发生流耳、烂耳等生理病害，还会影响到下一潮耳芽的形成和耳片的生长，得不偿失。

（二）采收前上水，采后停水

关于木耳采收以前是浇水还是停水的问题，在黑木耳主产区

图 6-2 采 耳

的种植户中一直有争议。有的种植户是在采收以前浇 1 次水，目的是使耳片充分展开再进行采摘。也有的农户是采收前一天停水，第二天再进行采摘。笔者认为采收前浇水的方法比较好。这样做，一方面可以使耳片充分展开，以便于晾晒时黑木耳耳片的定型；另一方面，又可以避免因耳片太干而粘连，采耳时带掉未开片的耳芽。木耳采收后要进行 1 次晒袋过程，一般停水 2 天左右。

（三）根据耳片长势采收

黑木耳菌袋因在催芽期的管理水平不一样，在采收时会出现两种情况，一种是催芽整齐的菌袋耳片长势也整齐，大小均匀。这类菌袋采收一定要及时。因为这种菌袋上的耳片生长比较密集，容易造成菌袋内部严重缺氧和营养消耗严重，所以要及时地一次性采收。另一种情况是耳片生长参差不齐。这是因为在催芽时管理不佳，耳芽形成不整齐，因而耳片生长速度不一。一般是靠近菌袋下部的耳片先长大。对于这种菌袋一般采取采大留小的原则，千万不要等耳片生长整齐后再统一采收。

六、干制

黑木耳多数是以干品的形式出售。因此，采收后的鲜耳需要经过干制这一道工序。黑木耳的干制一般依靠自然晾晒完成，比较简单。但在干制过程中也有一定的技术要求。如果掌握不好可能会影响到黑木耳的品质。

（一）几种干制木耳的晾晒架

1. 简易纱网晾晒床（图

6-3）　这种晾晒床一般规格为宽 1.2 米，长 2.5 米。用小木条制作框架，然后把耐老化的纱窗紧紧固定在框架上即可。使用时可以用制作菌袋时盛装菌袋的铁筐倒扣过来，将晾晒床框架的四角支起，把耳片放在纱网上摊平晾晒。这种床架的最大优点是灵活，可以根据场地情况随意组合，也可以分层晾晒，使用比较方便。

图 6-3　简易纱网晾晒床

2. 带防雨棚晾晒架（图 6-4）　这种晾晒架一般使用木杆或钢筋制作。宽 1.2 米，长度随意，高 1.2 米左右。在床架上用 1.5 米宽的纱网紧紧、平展地固定在框架上，形成床面。用细枝条或竹片在床架上做成方形的防雨架，然后配上塑料布。这种床架一般搭建在出耳场地周边。优点是搭建简单，使用方便，可以防雨。

3. 新型多层木耳晾晒架（图 6-5）　这种晾晒网架是专门为黑木耳晾晒而设计的。用方铁或角铁焊接制成边框，晾晒网采

图 6-4 带防雨棚晾晒架

用细孔丝网。一般分为 3 层，层架间距 10 厘米。使用时先在顶层放置新采收的鲜耳，定型后再翻入下一层。然后再在顶层网面放置一层新采收的木耳，定型后再翻入下一层。如此反复操作，以此类推。该网架具有省工省力、晾晒木耳质量好等特点，建议一些大型基地采用。

图 6-5 新型多层木耳晾晒架

（二）黑木耳干制的方法

黑木耳干制的方法很多，以是否人工制造热源分为自然晾晒和人工烘干。以热源不同分为阳光晾晒、电烘干、燃煤烘干、微波烘干等。由于黑木耳品种和管理的不同，耳片有多筋、无筋、半筋的区别，耳片厚度、形状不同，因此要根据其特点分别采用不同的工艺。

1. **普通多筋黑木耳的干制**　普通多筋黑木耳在市场上习惯被称为统货（图6-6）。其晾晒比较简单。一般要求在早晨太阳升起之前采收。采收后立即铺于晾晒床上进行晒制。注意耳片铺得不宜过厚，一般以单层为好，使其快速失水定型。一般情况下1～2天就可以干透。在干制过程中要注意两点：一是干制过程尤其是单片没定型前不要翻动，以免形成拳耳；二是夜间要覆盖塑料布防露，以免露水打湿耳片，从而影响耳片色泽。

图6-6　普通多筋黑木耳及其干制

2. **小碗耳的干制**　小碗耳（图6-7）一般选用半筋品种。

因其干制后耳片呈碗状而得名。小碗耳属于黑木耳产品中的精品，所以其晾晒过程也比较烦琐一些。具体方法是：将采收下来的耳片马上放置在晾晒床上进行定型。注意不要铺得太厚。定型的时间越短越好。耳片定型后将几个晾晒床的黑木耳合并在一起，放进通风良好的荫棚内的床架上进行阴干，直到其干透再装袋、入库。在干制的过程中要注意以下几点：①要选择大小合适、耳片形状好、耳片黑厚的黑木耳进行小碗耳的制作，如半筋、圆边的黑木耳品种，如黑威15等。②在干制过程中定型要迅速。定型过程中不要进行翻动。③阴干过程中耳片放置不能超过10厘米厚，并且晾晒空间要保证良好的通风。在耳片定型的情况下要进行上下翻动。

　　另外，茶叶耳（图6-8）是最近两年兴起的一类黑木耳产品。因其干耳的形状卷曲成条状，酷似毛尖茶而得名，属于黑木耳产品精品中的精品。一般选用无筋种类的品种作为制作茶叶耳的原料，代表品种有黑山。

图6-7　小碗耳

图6-8　茶叶耳

第七章

黑木耳生产中的病虫害及其防治

一、食用菌病虫害的分类

按照食用菌病虫害发生的原因，可分为病害和虫害。病害又可根据是否有致病菌分为生理性病害和非生理性病害。非生理性病害依据致病菌和食用菌的关系分为侵染性病害和竞争性病害。

二、食用菌病虫害的发生原因及危害

（一）发生原因

杂菌和环境条件是黑木耳生产的主要相关因素，杂菌的发生与黑木耳长势、环境条件密切相关。由于黑木耳栽培营养条件（耳木或培养料）是固定的，所以发生病害的条件主要是温度、湿度。湿度和培养料（耳木）原有水分以及降水量（自然降水或人工喷水）有关，因耳场植被情况、地势地形、气象因子各异而构成不同的生境，而各种杂菌对不同的生境适应能力亦不同。杂菌的发生实质是杂菌在对环境条件适应性竞争中淘汰黑木耳的结果。

在自然界各种杂菌孢子随风飘荡或由昆虫等动物携带传播，孢子落在耳木的表面或通过微孔进入培养料，在适宜条件下，在有雨、雾、露时萌发成菌丝，进而侵入段木或培养料内造成危害。

（二）危害

黑木耳栽培处在高温高湿的季节，杂菌及病虫害较多。杂菌在黑耳木或培养料上生长，消耗养分，占据生长空间，并分泌有害物质抑制黑木耳菌丝生长及子实体形成和发育。害虫大多蛀食耳片和耳根或耳木，还会传播病害造成危害。

三、常见生理性病害

（一）流耳

流耳是耳状食用菌类栽培中常见的病害之一，是因细胞破裂流出内溶物的一种生理障碍现象，一般指黑木耳、银耳等子实体组织破裂、分解变软、水肿糜烂，向外流渗黏性胶液。

1. **发生原因**　流耳分为生理性流耳、微生物病原性流耳、虫害导致的流耳。生理性流耳发生的几种情况如下。

（1）**采收不及时**　黑木耳成熟期不断产生担孢子，消耗子实体的营养物质，若采收不及时，使子实体趋于衰老，此时遇到过高的温度便极易腐烂。

（2）**出耳期高温高湿**　在温度较高时，特别是遇到湿度较大，而光照和通风条件又较差的环境，子实体也易发生溃烂。

（3）**养菌温度过高**　养菌温度过高时，基质内菌丝体老化，无法供应子实体生长发育所需营养，致使流耳、烂耳。

（4）**水分管理不当**　在黑木耳原基形成期，黑木耳原基尚未封住划口时喷水，水易流进或渗入划口内，造成感染。在黑木耳原基分化期，刚刚形成的子实体原基处于芽孢形态，芽孢因吸水过多而发生细胞破裂，造成感染。划口处菌丝停止生长而退菌，形成的子实体原基因失去菌丝营养的供应而停止生长，造成感染导致流耳。

（5）**通风不良**　由于出耳场地选址不当或管理不到位，导致耳场通风不良。一方面，黑木耳生产所需的氧气缺乏，抑制了黑木耳的正常生长；另一方面，一氧化碳、二氧化碳和其他有害气体聚集，使菌丝生活力下降，子实体生长缓慢或停止，为微生物和害虫生长繁殖提供了有利条件，产生流耳。

（6）用药不当　用药不当或药物浓度过高也会导致流耳。栽培黑木耳时，在黑木耳子实体原基期，细胞对药物十分敏感，药物使用不当或过量会引起耳芽细胞死亡或分裂异常从而造成流耳。若一定用药，请注意对症下药，并注意用药的浓度和使用方法。切记出耳期用药一定要适当，而且注意用药安全间隔期，避免造成农药残留。

2. **防治措施**　应加强通风，避免出现高温高湿的环境条件。

（二）黄耳

1. **发生原因**　黑木耳生产中出现的黄耳是因为光照弱或温度、湿度较高，耳片生长过快而使其颜色发黄的现象。此外，菌丝受低温冻害，也会使耳片颜色发黄。一般常见于代料栽培黑木耳时，菌袋经过冬天低温后，开春出耳时易发生。

2. **防治措施**　防止黄耳的措施主要是加强光照。在高温时停止喷水，使得耳片停止生长。待温度降低后喷水，耳片可恢复生长。

（三）红眼病

开口或刺孔后 5~10 天，开口、刺孔处发现红褐色的黏液，自开口处溢出，同时伴有绿霉出现并大面积滋生。

1. **发病原因**

（1）菌袋培养时受热　养菌室内培养架设计不合理，各层之间间距太小，菌袋摆放密度大或存在通风的死角。袋与袋之间产生的热量得不到散发，致使菌袋内外温差过大，袋内集聚大量的蒸汽水，使菌丝呼吸受阻而死亡。还可能出现袋内顶部菌丝因高温死亡导致袋口吐红水。

（2）菌袋发热引起"烧菌" 有的开口后的菌袋归堆时堆积过紧，还有的堆回培养室。因为菌袋开口后，透气好，菌丝发育旺盛，菌丝体代谢要释放大量的热量，稍不注意就容易造成高温烧菌，而引起菌丝体死亡，细胞组织破裂，细胞质泌出成为红水。

2. 防治措施 养菌室内要合理布局，加强通风，控制菌袋料内温度不超过 25 ℃。开口后，菌袋码放密度不可过紧，在保持湿度的同时，注意预留通风口。

（四）黑木耳畸形

黑木耳子实体畸形是一种生理性病害。不同的成因造成的畸形耳的表现也不同。

1. 拳状耳

病状：球状原基逐渐扩大，但并未分化，耳片不展开，也称拳耳、球形耳，栽培上称不开片。

病因：出耳时通风不良，光线不足，温差小，划口过深、过大，分化期温度过低。

防治措施：按照栽培标准要求划口；耳床不要过长，草帘不要过厚；原基分化期加强早晚通风，让太阳斜射光线照射刺激促进分化；合理安排生产季节，早春不过早开口，秋栽不过晚开口，防止原基分化期温度过低。

2. 瘤状耳

病状：耳片着生瘤、疣状物，常伴有虫害和流耳现象。

病因：高温、高湿、不通风综合作用的结果，虫害和病菌相伴滋生并加重瘤状耳的病情。高温、高湿的季节喷施微肥和激素类药物也会诱发瘤状耳。

防治措施：合理安排栽培季节，避开高温高湿季节出耳，子实体生长期要注意通风，为抑制病菌与虫害滋生，应多让太阳斜射光线照射耳床，高温时节慎用化学药物喷施。

3. 单片耳

病状：栽培袋开大口时，黑木耳不成朵，两三单片丛生，往往耳片形状不正。注意，小孔黑木耳的单片耳并不属于此病。

病因：菌种种性不良；栽培袋菌丝体超温或老化；培养基配方不当，营养不良或氮源（麦麸、豆粉等）过剩；原料过细，装袋过紧，培养基不透气。

防治措施：严把菌种关，不购买伪劣菌种。养菌时防止超温，防止菌丝吃料慢而延长养菌期，严格配料配方，不用过细原料，装袋要按标准操作。

（五）转潮时栽培袋杂菌污染及防治措施

正常情况下黑木耳能出三潮耳，但有时头茬耳采收后，没等二潮耳长出，栽培袋就感染了杂菌。

1. 原因

（1）暑期高温　菌丝生长阶段的温度是 $4\sim32$ ℃，如袋内温度超过 35 ℃，菌丝便死亡，采耳处首先感染杂菌，最后全部感染，菌袋则逐步变软、吐黄水。

（2）采耳过晚　朵片充分展开，边缘变薄起褶子，耳根收缩时为采收适期。这时采收的黑木耳弹性强、营养保存完整，质量最好。采耳晚会使子实体失去弹性，老化，细胞质外流感染杂菌从而造成烂耳。

（3）上茬耳根或床面未清理干净　残留的耳根，因伤口外露，易感染杂菌。采耳时掀开草帘，让阳光照射，使子实体水分下降、适度收缩，这样采收时不易破碎，利于连根拔下。拔净耳根利于二潮耳形成，无残留耳根，避免霉菌滋生。采耳后的床面，常会散落采耳时掉下的培养基、子实体及草帘子掉下来的废弃物，盖上草帘浇水后，易产生杂菌，而后蔓延到菌袋上。

（4）菌丝体断面未愈合　采耳时要求连根抠下并带出培养基，菌丝体产生了新断面，在未恢复时，抗杂能力差，这时浇水催耳，容易产生杂菌感染。

（5）草帘霉烂　盖在菌袋上遮阳保湿的草帘子，由于浇水过勤，造成出二茬耳时，已感染杂菌，发霉腐烂，并蔓延至菌袋。

（6）草帘、床面湿度过大　采完耳后，在二茬子实体形成前，菌丝体有一个愈合断面、休养生息、积聚营养的阶段。倘若采耳后直接将菌袋摆在潮湿的出耳床上，盖上湿草帘，潮湿不见光，则很易产生杂菌污染。

（7）采耳后的菌袋未经直射光干燥　采耳后菌袋未经直射阳光下晾晒降湿杀菌，菌丝愈合恢复慢，容易滋生霉菌且易蔓延至整个菌袋。

（8）浇水过早、过勤　二潮耳还未形成和封住原采耳处断面时过早浇水，也易产生杂菌感染。

2. **防治措施**　为防止杂菌污染，尽早形成下潮耳，提高产量，应采取以下措施：

（1）及时采耳　子实体朵片充分展开，边缘变薄起褶子，耳根收缩时便可采收。这时采收的黑木耳弹性强，营养尚未流失，质量最好。

（2）连根抠净子实体　采耳时掀开草帘，让阳光照射，使子实体水分下降，子实体适度收缩，采收时不易破碎，利于连根拔下。拔净根利于下潮耳形成，无残留耳根可防止霉菌生长。

（3）草帘定期消毒　草帘一直裸露在外，并含有大量水分，极易产生杂菌。因此，必须在出耳前、采耳后用药剂消毒，以防草帘腐烂或产生杂菌。

（4）清理床面，彻底消毒　采完耳的床面移开草帘和菌袋，将床面残留的培养基、子实体、草帘掉下的残余物清理干净，然后用药物消毒。

（5）菌袋、出耳床、草帘必须晒干　菌袋应避开正中午晒，每面都应晒着，晒3～5小时，使采耳处菌丝体表面干燥。床面和草帘应彻底晾晒。摆上晒完的菌袋，盖上晒干的草帘，养菌

7～10天，然后按第一茬出耳方法管理。这阶段要注意通风，严防高温。

（6）安排适宜出耳期　子实体生长期选择在当地气温为10～25℃时最为适宜。如遇高温，可掀起草帘，晒干菌袋上生长的黑木耳，使它停止生长，防止烂耳，待温度下降后再浇水继续管理出耳。

（7）湿度调节　生产三茬耳时，因出耳后劲不足，耳片生长缓慢，故要减少喷水次数与喷水量。当耳片生长明显停滞时，应掀起草帘，让阳光（避开强光）将耳片、床面晒干，再盖上草帘，2～5天后喷水，勤喷且喷雾。注意浇就浇透，干就干透；否则，影响黑木耳正常生长。

（六）菌袋产生红、黄水

早春季节，黑木耳养菌棚内温度逐渐升高，黑木耳栽培户打开门窗进行通风降温，或是早春温差大时黑木耳菌袋开口入地过早，管理5～7天后，发现在黑木耳菌袋内产生了黄色或红色水珠，最后红色水珠变成绿色水珠，这样的黑木耳栽培袋就因为污染杂菌而报废了。

1. 原因

（1）通风降温措施不当　当发菌棚内的昼夜温差超过5℃以上和强烈光照，培养料内的水分冷凝到菌袋表面形成水珠；或者菌丝新陈代谢较旺盛，菌袋内产生过多热量，袋温超过30℃，细胞涨破，形成黄水。

（2）消毒和接种方法不当　消毒不彻底或接种时大量杂菌进入菌袋内，使黄色水珠变成绿色水珠而污染杂菌。

2. 防止方法

（1）通风降湿　在发菌棚上方安装排风扇，昼夜排风，既可缩小昼夜温差、降低温度，又可降低空气相对湿度。温度控制在18～20℃，温差控制在5℃以内。已经产生黄色水珠的菌袋要加强通风，每天通风12小时以上，温度降至15℃以下。

（2）适温养菌 养菌期把温度控制在 22～25 ℃，低于 22 ℃ 应加温养菌，但要严格控制养菌前期温度不超过 30 ℃。

四、常见非生理性病害

黑木耳常见非生理性病害为杂菌的污染。发菌期发生率高于出耳期。侵染的杂菌，主要是各种霉菌。其中危害最大的是木霉，约占 90% 以上；其次是青霉、曲霉、链孢霉、根霉和毛霉。杂菌中竞争性的居多，主要是与黑木耳菌丝争夺培养料的养分和水分，有的还分泌毒素，抑制黑木耳菌丝生长。

（一）危害菌种生产和代料栽培的杂菌

1. **木霉** 木霉俗称绿霉，是一种普遍存在的真菌。木霉感染形成绿霉病，若不及时处理，扩大蔓延很快，病区黑木耳菌丝不能生长或生长不良。

（1）症状 菌袋、菌种瓶、段木接种孔周围及子实体受木霉菌感染后，初期在培养料、段木或子实体上长有白色、纤细的菌丝，几天之后便可形成绿色分生孢子而变成浅绿色，进而成为深绿色、墨绿色（图 7-1）。一旦分生孢子大量形成或成熟后，菌落变为深绿色、粉状。子实体被污染后，会发臭松软，导致腐烂。

（2）病因 常见的木霉有绿色木霉、康氏木霉、木素木霉等。绿色木霉广泛存在于自然界的各种有机物质上和土壤中，空气中也到处飘浮有绿色木霉的分生孢子。

代料栽培黑木耳过程中有各种可能将木霉孢子带入木屑、棉籽壳、稻草等培养料和生长弱的子实体上，从而形成菌落。采耳后没有彻底清除的耳基很容易受木霉的感染。木霉易在高温、高湿和培养料偏酸性的条件下发生，发生的最适温度为 25 ℃、湿度为 95% 左右、pH 3.5～6.0。木霉主要靠分生孢子借助空气传

图 7-1　菌袋感染绿色木霉

播。培养基灭菌不彻底、接种不严格、菌种感染等都会导致木霉的蔓延。

(3) 防治

① 保持耳场、耳房及其周围环境的清洁卫生。

② 耳房、耳场通风良好，排水便利。

③ 出耳后每 3 天喷 1 次 1％石灰水，有良好的防霉作用。

④ 使用新鲜的培养料，培养基灭菌要彻底。

⑤ 防止棉塞受潮、栽培袋破损，接种要严格执行无菌操作。

⑥ 若发现菌袋开口处有绿霉污染，可用石灰乳膏或甲醛液涂沫。

⑦ 菌袋出耳期间发生木霉，可先将菌袋置于阳光下晾晒1～2 天，再用 0.2％或 0.1％高锰酸钾或 25％多菌灵可湿性粉剂 1 400 倍液喷洒消毒。

⑧ 木霉发生在培养料的表面尚未深入料内时，可用 pH 10 的石灰水擦洗患处，也可用 25％菇净 2 000 倍液注射，然后用透明胶布封住针眼，可控制木霉的生长。

⑨ 用 3.5％石灰水、2％甲醛、1∶200 的 50％多菌灵可湿性粉剂或 50％甲基硫菌灵胶悬剂 500 倍释稀液向发生部位注射。

2. 青霉

（1）症状 与木霉菌丝相似，为青绿色菌落，短绒，菌落边缘参差不齐，分生孢子梗像扫帚，顶端生有分生孢子。形成大小不等的菌块，主要危害菌丝，子实体被侵染后，引起霉烂。

（2）病因 雨水过大、光照不足的条件下，黑木耳容易感染青霉。多在 25 ℃左右和潮湿、通风差空气不良的地方发生。

（3）防治 对感染青霉的菌袋应立即挑出。做好接种室、培养室、栽培场所周围的清洁卫生，并进行定期消毒灭菌，以减少初次污染，加强通风换气，防止青霉的发生和蔓延。调节好培养料的酸碱度，可用 1‰～2‰的石灰水调节其呈微碱性而抑制青霉的发生。

3. 曲霉

（1）症状 菌袋在感染曲霉后初期产生白色菌丝，生长很快，几天之后便在菌丝生长末端产生黄色或黑色的分生孢子。子实体被侵染后造成烂耳。

（2）病因 为曲霉污染所致。有黄曲霉和黑曲霉两种。曲霉的菌丝较粗而短，孢子萌发的菌丝呈辐射状生长。黄曲霉为黑黄色，黑曲霉为黑灰色。在培养温度较低时，菌丝蔓延加快。曲霉孢子易扩散、耐高温、耐干燥，耐受力较木霉更强。多侵染培养料表面，与食用菌菌丝争夺养分，并产生刺鼻气味。

（3）防治措施 选用黑木耳专用的伸缩性强度高的塑料袋，培养料混料前木屑过筛除去大片木屑，装袋时培养料松紧适当、均匀可以防止产生微孔，从而减少曲霉孢子入侵机会；菌袋灭菌时达到 100 ℃保持 10 小时以上使培养料灭菌充分；接种前，接种室降尘、消毒，接种时使用 FFU 对接种间空气进行过滤除菌，接种过程中严格执行无菌操作。

4. 链孢霉

（1）症状 链孢霉发生初期菌丝浅白色，生长速度极快，易在袋内产生浅黄色积水，并在袋口或袋破裂处形成白色块状原基，成熟后变为橘红色（也有的呈白色，为白色变种）粉状孢子，菌丝呈棉絮状，菌落为鲜艳的橘黄色。链孢霉的主要危害是与黑木耳菌丝争夺营养。发生链孢霉后的菌袋一般还可以出耳，但会减产（图 7 - 2）。

图 7 - 2　菌袋感染链孢霉

（2）病因　培养基中温度高、湿度大时蔓延快。多在生产黑木耳菌袋时发生，对菌袋生产威胁很大。

（3）防治　黑木耳菌袋生产，应尽可能避开高温季节。在高温季节制作菌袋，在接种方法上，长袋宜采用套袋法，避免菌袋间互相污染。发现链孢霉应及时捡出（捡出时，注意使用柴油蘸一下栽培袋长霉的部位，勿使孢子散落，以免污染其他菌袋），并在发病场地喷施 25％多菌灵可湿性粉剂 400 倍液或漂白粉溶液。

5. 毛霉和根霉

（1）症状　毛霉和根霉的形态及生理要求相似，菌丝呈毛状，较长，初期毛霉的菌丝呈浅白色，根霉的菌丝呈灰白色如针状，在 25～35 ℃条件下，2～3 天后，其菌丝及假根长入培养基后向上伸出较长的孢子柄，菌丝顶端出现肉眼可见的黑色颗粒（即孢子囊），如果用手摸，可把手染成黑灰色。其危害是隔绝氧气，争夺养分和水，分泌毒素，影响黑木耳菌丝的生长。

(2) 病因 这两种菌都是在潮湿和空气不良的环境中生长蔓延较快。

(3) 防治 参照木霉防治措施。

6. 酵母和细菌 属于单细胞微生物，个体小，种类繁多，培养基感染酵母和细菌后，表面呈黏糊状或液状，使培养基发黏带酒味或臭味，致使菌丝死亡。

7. 绿藻

(1) 症状 菌袋内表层有绿色的青苔状物，严重时黑木耳子实体上都有生长。绿藻吸收菌袋营养，造成菌袋内积水，严重时导致烂菌袋现象发生（图7-3）。

(2) 病因

① 水源不洁净，带有绿藻。使用死水或鱼塘水，有藻类滋生。

② 装袋过松，开口产生袋料分离，浇水时长时间有积水，通过阳光直射产生绿藻。

③ 浇水过重，导致袋内积水，易滋生绿藻。

图7-3 绿藻病

发菌期或催耳期菌袋发热，袋内产生黄水或红水，出耳时浇水也易滋生绿藻。

(3) 防治 因药物无法进入菌袋内，因此药物治疗效果不明显。一般可以停止浇水进行晒袋，使袋内水分蒸发，绿藻失水死亡。晒袋前最好将菌袋存水处划开放水。改用流动水或井水浇耳，无法改变水源时可向水源内适量加入漂白粉。养菌期或划口催耳期避免菌袋过热产生黄水。

8. **白腐菌**　俗称面包菌，发生白腐菌的菌袋料质松软腐烂，用手一捏如同面包一样，因此被食用菌生产者称为面包菌。其实致病菌是黄孢原毛平革菌，属白腐真菌的一种，也称白腐菌。黄孢原毛平革菌，属于非褶菌目伏革科显革菌属（图7-4）。

图7-4　菌袋感染面包菌

（1）**发生规律**　白腐菌菌丝生长迅速，初期的洁白小斑块快速连成一片，呈现白粉状，前期和黑木耳菌丝很相似，但后期局部呈灰黄色。1周左右即可长满菌袋。放置几天后，菌袋松软缩小，培养料消耗明显，丧失利用价值。

（2）**发生原因**

① 灭菌不彻底。培养料（木屑）中含有大量的白腐菌孢子，拌料不均匀、在蒸锅灭菌时因温度未达到100 ℃以上或温度已达到但灭菌时间不够，或排气不良等因素导致培养料中的白腐菌孢子未被杀灭。

② 培养温度过高。接菌后菌种生长期感染白腐菌，主要是接种后15天内的培养室高温高湿，长期处于28 ℃以上。

③ 空气流通差。养菌期间未及时通风排湿，由于菌丝体长

期处于高温缺氧状态中，使其生命力衰弱，后期感染杂菌引发白腐菌大量发生。

④ 菌种不良与无菌操作不当。菌种品质不良，接种时未严格执行无菌操作也是产生白腐菌感染的一个因素。

(3) 防治与处理

① 充分灭菌。拌料均匀，使水分浸透，蒸锅灭菌时温度要达到 100 ℃以上保持 8～10 小时，拌料水分最好在 60%，灭菌锅必须有排气阀，灭菌锅温度达到 100 ℃打开排气阀，继续保持全开排气阀猛烧 1.5 小时，然后保持 100 ℃半开排气阀保温，整个灭菌过程不允许关闭排气阀。

② 菌室消毒。春、秋耳三级菌培养前 7～10 天，使用灭菌剂对菇房的墙壁、板架、过道、天棚以及其周围环境进行均匀喷雾杀菌。同时使用菊酯类药物进行灭虫。

③ 严格无菌操作。接种时要严格无菌操作，防止杂菌进入菌袋，培养室、棉塞一定要干燥，装袋、接种、运输、上架等过程要注意，避免扎破菌袋。

④ 控制培养室温度，加强通风。养菌时要做到变温培养，前期温度稍高，菌袋温度可达 25 ℃左右保持 1 周左右，然后控制在 22～25 ℃进行养菌，养菌期间要使用风扇等工具进行室内通风，偶尔可开门通风。

⑤ 选用合格菌种。选择购买正规厂家的优质品种，不管购买任何厂家的菌种都要做转接试验。自制二级种时要低温养菌，适量投料，尽量选择相对较粗的木屑。

(二) 危害耳木的杂菌

危害段木黑木耳的主要杂菌有碳团菌、韧革菌、裂褶菌、云芝、朱红栓菌、木霉等，这些杂菌主要危害耳木，生活力很强，造成耳木粉状腐朽或黑色铁心（如碳团菌），从而抑制黑木耳菌丝生长，造成黑木耳减产。

1. 常见杂菌

（1）云芝　别名：杂色云芝、黄云芝、灰芝、瓦菌、彩云革盖菌、多色牛肝菌、红见手、千层蘑、彩纹云芝。子实体一年生。革质至半纤维质，侧生无柄，常覆瓦状叠生，往往左右相连，生于伐桩断面上或倒木上的子实体常围成莲座状。菌盖半圆形至贝壳形，（1～6）厘米×（1～10）厘米，厚1～3毫米；盖面幼时白色，渐变为深色，有密生的细绒毛，长短不等，呈灰、白、褐、蓝、紫、黑等多种颜色，并构成云纹状的同心环纹；盖缘薄而锐，波状，完整，淡色。菌管口部初期白色，渐变为黄褐色、赤褐色至淡灰黑色；管口圆形至多角形，每毫米3～5个，后期开裂，菌管单层，白色，长1～2毫米。菌肉白色，纤维质，干后纤维质至近革质。孢子圆筒状，稍弯曲，平滑，无色，（1.5～2）微米×（2～5）微米。喜光照和高温高湿的环境。对耳木腐蚀力强，危害严重（图7-5）。

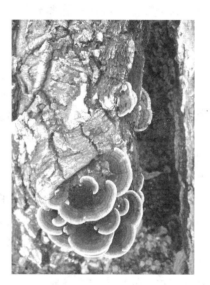

图7-5　耳木感染云芝

（2）鲑贝云芝　别名：鲑贝芝、鲑贝革盖菌。子实体较小，无柄，菌盖直径1～3.5厘米，厚0.6厘米，后期褪为近白色，无毛且有不明显环带，边缘薄而锐。菌肉白色，厚0.5～1毫米。菌管长达5毫米，同菌盖色。管口每毫米1～3个，边缘裂为齿状。孢子光滑，椭圆形，无色，（4.5～6.5）微米×（2～3.5）微米。较为喜光，喜高温高湿。环境适宜时，易连片，危害较重。

（3）矩褶孔菌　菌盖半圆形，木栓质，有细绒毛，瓦灰色到棕褐色，菌管矩形或长方形，呈放射状排列。中等喜光，高温高湿下易发生，对耳木危害不大。

（4）灰盖褶孔菌 菌盖半圆形，硬革质，较厚，初有细绒毛，后变光滑，鼠灰色到棕灰色，菌肉白色，菌管褶片状。中等喜光，高温高湿下易发生，对耳木危害不大。

（5）烟管菌 菌盖贝壳状，常覆瓦状排列，有绒毛，灰白色，边缘往往黑色，菌管的管口为暗灰色到黑色。中等喜光，高温有利于发生，对耳木危害不大。

（6）毛栓菌 属非褶菌目多孔菌科栓菌属。菌盖软木栓质，半圆形，有柔毛和同心环纹，灰白色到淡褐色。喜光，高温低湿条件下很易发生，对耳木危害不大。

（7）稀针孔菌 别名：薄皮纤孔菌、合树菌、桂花菌。菌盖半圆形，栗色，有粗绒毛，菌肉褐色，菌管长 2～10 毫米，管口初期近白色，后变至菌盖色，每毫米 2～5 个，显微镜下有直立的褐色刚毛，但较少，孢子有色。中等喜光，高温高湿下易发生，对耳木腐蚀力较强，危害大。

（8）耙齿菌 耙齿菌有灰色、白色、褐色等。菌盖革质，全部伏贴在耳木上，肉桂色，菌管全部为齿状。显微镜下观察，刺扁且基部相连。中等喜光，喜高温高湿，生于阔叶或针叶树的枯立木或倒木上，引起木材白色腐朽，腐蚀力强。由于其生长常连成一大片，故危害很大。

（9）红栓菌 别名朱红栓菌。子实体无柄，菌盖木栓质，半圆形或扇形而基部狭小，（2～7）厘米×（2～12）厘米，厚 0.5～2厘米，橙至红色，后期褪色，无环带，有微细绒毛至无毛，稍有皱纹。菌肉橙色，有明显的环纹，厚 0.3～0.6 厘米，遇氢氧化钾时变为黑色。菌管长 1～4 毫米，管口红色，圆形，多角形，每毫米 2～4 个。孢子短圆柱形，光滑，无色，（5～7）微米×（2～3）微米。喜光、喜高温干燥。对耳木分解能力强，危害较大（图 7-6）。

图7-6 耳木感染红栓菌

（10）裂褶菌 拉丁学名 *Schizophyllum commune* Fr. 。别名：白参（云南）、树花（陕西）、白花、鸡毛菌（北方）。散生、群生，覆瓦状叠生，无柄侧生。菌盖革质，很薄，强韧，干燥时卷缩，润湿时又恢复原状，呈扇形，宽1～4厘米，盖面白色或灰色，有绒毛，边缘内卷，具多数裂瓣呈小云状锯齿（图7-7）。往往发生在阳光直射、高温、干燥的耳木上，繁殖生长快，数量多，影响比较大。对耳

图7-7 耳木感染裂褶菌

木分解能力较强，可使木质部产生白色腐朽，为耳木常见杂菌。

（11）革耳 别名：野生革耳、桦树蘑（黑龙江）。属伞菌目

侧耳科革耳属。子实体丛生，菌盖下凹或呈漏斗状，幼时为紫红色，后为茶色至锈褐色，表面生有粗毛，革质，柄近侧生或偏生，菌褶浅粉红色。喜光耐干旱，对耳木腐蚀力很强，危害大。

（12）黄贝芝　　别名：黄薄云芝；拉丁学名：*Polystictus membranaceus*。菌盖硬革质，厚仅 1～2 毫米，灰黄色，有辐射状细条纹。中等喜光。因个体小，发生数量小，对耳木危害很小。

（13）黄木耳　又称金耳、金黄银耳、黄耳、脑耳。属银耳科银耳目银耳属。子实体散生或聚生，表面较平滑；渐渐长大至成熟初期，耳基部楔形，上部凹凸不平、扭曲、肥厚，形如脑状或不规则的裂瓣状，内部组织充实。成熟中期、后期，裂瓣有深有浅。稍喜光。与毛韧革菌、细绒韧革菌和扁韧革菌有寄生或部分共生关系。发生于潮湿的耳木上，且数量较多，故危害较大。

（14）盾状肉座菌　属子囊菌纲球座目球座科肉座菌属。垫状或盾状，个体较小，直径 1 厘米以下；近肉质，暗灰色到黑灰色。稍喜光，喜高温高湿，是段木栽培中危害最大的杂菌之一。

（15）碳团　又叫黑疔病、环纹碳团菌。有的菇农称其为黑疔。属于子囊菌纲炭角菌目炭角菌科。子实体小，直径 0.3～0.5 厘米，半球形近似瘤状，相互连接排列一起，初期呈咖啡色，后变黑色，炭质，子囊壳近球形，壳内黑色木炭质，极坚硬，直径 0.8～1.1 毫米。子囊圆柱形，子囊孢子褐色，不等边椭圆形，（7～9）微米×（3～4.5）微米。危害耳木，也是黑木耳的竞争性杂菌。受侵染处和黑木耳菌丝生长部分的交界处有明显的黑褐色线条。黑疔病对耳木腐蚀力较强，其病原菌丝在木材内部生长快。

受害的耳木形成浅褐色斑点，木质变成木炭状，形成铁心，吸不进水分，因此就不出耳。

碳团病害在黑木耳整个栽培过程中都可以发生，适应性较强，在高温高湿条件下，特别是耳木的含水量偏高、环境空气湿度过大时最容易发生，当碳团的孢子传播到接种过的耳木上时，即能萌发生长，7～9 月在树皮的龟裂处和横断面，就会出现黄绿色分生孢子层，而这些分生孢子利用气流、雨水等进行再传播，侵染其他耳木，如果不立即采取措施控制，很快将会传播蔓延。一经发现，应立即刮除烧掉。

（16）鳞皮扇菇　别名：山葵菌、止血扇菇；拉丁学名：*Panellus stypticu*。子实体较小。菌盖扇形，浅土黄色，菌盖直径 1～3 厘米，表面有麦皮状小鳞片。菌肉薄，味辛辣。菌褶窄而密。菌柄很短，生在菌盖的一侧。此菌成群地生在阔叶树腐木上或树桩上。晚上可发光，但因地区差异有时也不发光。

（17）褐孔菌　非褶菌目多孔菌科革褶菌属。拉丁学名：*lenzites betulina*（L.）F.。一年生，侧生，革质或稍呈木栓质，半圆形、扇形、皿壳形，2～6 厘米；菌褶革质，褶宽 3～11 毫米，间距 1～1.5 毫米，褶缘薄而锐。新鲜时初期浅褐色，有密环纹和环带，后呈黄褐色、深褐色或棕褐色，甚至深肉桂色，老时变灰白色至灰褐色。菌肉白色或近白色，后变浅黄色至土黄色。属木腐菌。被侵害活立木、倒木、木桩等木质部形成白色腐朽。

（18）褐轮韧革菌　俗名金边蛾。子实体革质，初期平伏耳木表面，后期边缘反卷，往往相互连接呈覆瓦状，基部凸起，边缘完整；菌盖表面有绒毛，栗褐色，边缘浅灰褐色，有数圈同心环沟，外圈绒毛较长，老后渐变光滑并褪至淡色。该菌是耳木上普遍发生的有害菌，对黑木耳生产危害很大，严重时致使黑木耳绝收。

（19）牛皮箍　常见的耳木上有黑白牛皮箍两种，黑的呈栗壳色，边缘黄褐色，白的为笋片色。牛皮箍的发生特点是紧贴生于耳木上，状似贴膏药，边缘不翘起，根据这点可区别于褐轮韧革菌（金边蛾）。牛皮箍是一种危害较为严重的杂菌，在阴湿、连阴雨气候条件下容易发生，发生严重时贴满耳木，引起耳木粉状腐朽，被害耳木不长耳芽，是段木栽培黑木耳生产中一种毁灭性病害。

（20）木霉 感染耳木的木霉主要是绿色木霉、多孢木霉和长枝绿霉，侵染初期耳木的韧皮部和木质部为淡黄色，树皮易剥离。能产生有毒物质，抑制黑木耳菌丝生长。

2. 防治措施 段木栽培黑木耳杂菌的发生与危害，具有一个比较普遍的共性，就是在高温、高湿、光照不足、通风不良的环境下易发生和流行，应采取综合措施防治，根据发生的原因，可从两点入手，一是根据各种杂菌适应环境能力的不同，在生产管理过程中，创造适宜黑木耳而不适宜主要杂菌的环境。杂菌多生于比较干燥的耳木上如红栓菌、云芝、裂褶菌、碳团菌，另一些杂菌如灰盖褶孔菌等则发生在比较潮湿的耳木上。二是保护好耳木，防止孢子落在耳木表面后萌发进而危害段木。

例如牛皮箍的防治：耳木避免阳光直射，耳堆注意通风换气，加强管理，做到勤翻耳木、勤洒水、勤除草，剔除荫蔽过大的树枝、灌木，雨季要特别注意清沟排渍，严防耳场积水。感染严重的要及时剔除，移至耳场外焚烧或深埋，以免杂菌孢子飞散蔓延。

防治杂菌具体应做好以下工作：

① 选好耳场。选择背风向阳、水源方便、雨天不积水、旱天能灌溉的地方作耳场，严格清理选择的场地，保持卫生，减少菌源，平整清理后洒一层生石灰消毒，给黑木耳生长创造适宜的生活环境。

② 大力提倡适时早接种及合理密植。早接种及合理密植使黑木耳菌丝体优先占据耳木，提高出耳率，可减少杂菌污染，而晚接种的耳木，杂菌发生往往很严重。

③ 加强科学管理。调节好栽培环境的温度、湿度，注意通风、控制光照强度、保持栽培场所空气清新。要不断清除耳场的杂草，使杂菌不易繁殖。经常翻转晾晒耳木，利用紫外线杀灭杂菌孢子。事先在耳木两端截面和树桠创口处涂刷 1‰～3‰ 生石灰水液有防止杂菌入侵的作用。同时还要及时采收成熟的黑木耳，以防成熟过度自溶分解，引起病害蔓延。

④ 科学选择段木。选择段木时，要选择粗细合适的木段，尽量不要选太粗的木段，以缩短生产周期。

五、常见虫害

（一）害虫发生因素

1. 黑木耳菌丝营养丰富，水分充足，气味浓馥，易吸引多种昆虫和动物取食。

2. 基料中的各种秸秆、麸皮米糠等氮源物质是害虫的滋生场所。

3. 浇灌水源不洁净易携带各种虫卵等。

4. 自然界中有机物是黑木耳害虫的食物。

（二）常见害虫

1. **跳虫**　温度上升到 15 ℃以上，跳虫开始活动，跳虫自幼虫到成虫都在取食危害黑木耳。一代周期 30 多天，雌虫产卵 100～800 粒，虫体小，颜色深（如灰色的角跳虫）隐蔽性强，在培养料中无法观察到，一经打药后，虫体跳出落在地面上形成一层虫尸。高温栽培条件下，跳虫发生量大，危害严重。段木栽培的黑木耳，跳虫危害后造成流耳现象。跳虫食性杂，取食多种菌丝体和子实体，并携带螨虫和病菌，造成二次感染，常在高温季节暴发。跳虫取食菌丝，致菌丝退菌；耳片形成后，跳虫群集于菇盖、菌褶和根部咬食菌肉，致耳片遍布褐斑、凹点或孔道；排泄物污染子实体，引发病害；跳虫暴发时，菌丝被食尽，导致栽培失败。

2. **红线虫**　体形较细似条线，色红，体长约 1 厘米，多由耳根钻入耳片内蛀食，不易被发现。被蛀食的耳片内部变空，表面出现不规则的小洞，容易溃烂流耳，不能食用，危害较大。

3. **鱼儿虫**　体形像小鱼，颜色如小虾，体长 1～2 厘米。是一种甲虫的幼虫，栖于耳片内，从耳片的内部向外啃食，也吃耳根。被蛀食的耳根不再向耳片提供营养，从而导致耳片停止生长。这种虫不但在耳场进食，耳片采收后将虫带进仓库还会继续啃食，食量较大，粪便为黑褐色绒条状物。

4. **壳子虫** 壳子虫的种类繁多，但对黑木耳危害较大的有黑壳子虫、花壳子虫、麻壳子虫等。这几种虫爬在耳片上从外啃食，如蚕食桑叶状，影响黑木耳的生长发育，严重的会将整片木耳食光，造成减产。

5. **其他害虫** 有米象、拟谷盗、松条小蠹虫、蓑衣虫、弹尾虫、蛞蝓等，还有耳基内的食菌虫。此外，还有蛀食耳木的白蚁、天牛、六星吉丁虫、栗色吉丁虫等，也都间接地危害黑木耳的产量和质量。

（三）害虫的防治

跳虫、红线虫、鱼儿虫等，一般都在春分前后开始发生，对春耳危害不大，大量发生在伏耳季节，立秋后逐渐减少。在防治上，除做好消灭虫卵工作外，对红线虫、鱼儿虫可用50%敌百虫可湿性粉剂0.5千克，加水500～750千克，浸渍耳木2分钟，或用45%马拉硫磷乳油0.5千克，加水750千克喷洒；对各种壳子虫可用鱼藤粉0.5千克，加中性肥皂液0.25千克，加水100千克喷洒，或用5%天然除虫菊酯乳油0.5千克，加水400千克喷洒；对害螨可用1：1000倍的20%三氯杀螨砜可湿性粉剂喷洒，或用20%三氯杀螨砜可湿性粉剂1：800倍水溶液浸耳木5分钟。对吉丁虫、天牛及天牛幼虫，最好在早晚进行人工捕捉。

六、食用菌病虫害防治的原则

食用菌病、虫及杂菌的防治一定要贯彻"预防为主，综合防治"的方针。要特别强调环境卫生和改进栽培技术措施的作用，选择生长势好、抗逆性强的品种，控制病、虫及杂菌的发生。如果确需化学药剂作辅助治疗，则要选用高效、低毒、低残留的药剂，并做到适时、适量，合理使用。

第八章

黑木耳大棚吊袋栽培模式

　　黑木耳大棚吊袋栽培模式，具有省地、节水、上市早、品质优、售价高的优势。因采取悬挂摆放的方式，在相同面积下，其摆放数量是传统地栽木耳的 4～5 倍。与地栽黑木耳相比，大棚吊袋生产黑木耳早增温、早开口、早出耳、早采收、早销售，可实现提前 1 个月采摘。由于棚室生产黑木耳受天气影响小，可以解决华北及东北地区因春季短，气温升高快，地栽黑木耳品质差的劣势；同时，生产过程中用水少，条件相对可控，无污染。因此，每袋吊袋栽培黑木耳纯利润比地摆栽培黑木耳要高出 0.5～1.0 元。但该技术在生产中依然存在品种选择，温度、湿度调控，耳形、耳色不易控制等技术难题。

一、栽培准备

（一）栽培季节选择

　　吊袋栽培黑木耳，"抢早上市"是关键。吊袋黑木耳进棚时间要根据本地大棚内温度情况合理安排。春季温度 12～15 ℃割口育耳，当地下 0.3 米深的地方化冻即可进行挂袋。例如，对于华北地区菌袋接种期一般在前一年 11～12 月，培养期 30～40天，后熟 15～25 天，2 月上旬扣大棚塑料薄膜以便增温，2 月中下旬菌袋进棚划口催芽，3 月上旬开始挂袋出耳管理，4 月上旬开始采摘，5 月下旬至 6 月上旬采收结束。秋季进行大棚吊袋栽培效果一般，不建议进行生产。

（二）品种选择

为实现"抢早上市"，大棚吊袋栽培黑木耳的菌种一般选择中早熟品种，如黑威 15，早生快发、出耳整齐，品质优良，色泽黑，质地厚，单片，耐水抗逆性强。

（三）场地选择

栽培场地选择在通风良好、向阳、近水源、周围污染源少、排水方便、地质稳定、地面平整的地块。

（四）棚架结构

吊袋大棚原来有使用木质结构的，但由于木材资源有限，以及存在安全隐患，现在基本被钢架结构取代。

钢架结构依据材质的差异又分镀锌钢管和钢筋材料。大棚跨度 8～12 米，长度一般 35～50 米，一般要求为南北走向（以利通风，受光均匀），大棚两头留门，门宽 2 米以上（利于通风和降低棚内的湿度）。大棚顶高 2.8～3.5 米，肩高 1.8～2.0 米。

钢架结构大棚分为棚架一体式与棚架分体式。棚架一体式是指吊绳系在大棚主体框架上。棚架分体式是大棚与栓绳的框架分开，棚是棚，架是架。棚式立体吊袋钢筋一体式结构框架，每万袋需投资 1 万～1.5 万元。镀锌钢管分体式结构框架，每万袋需投资 2 万～2.5 万元。从稳固性和安全性的角度，目前比较提倡采用棚架分体式结构的大棚进行吊袋生产黑木耳（图 8-1）。

近几年有发明鱼叉式插袋出耳的模式（图 8-2），但其也有一定缺点，因此其实用性有待经过实践加以验证。

（五）棚附属设施

根据大棚的宽度，棚内框架上放置若干横杆，用于栓系吊

图 8-1 分体式吊袋栽培黑木耳的大棚

图 8-2 鱼叉式吊袋架

绳。每两个横杆为一组,组内横杆间距 25～30 厘米,每组横杆之间留出操作道,距离一般 60～70 厘米。每组横杆长度依大棚的长度而定。一般每平方米大棚可挂 70～80 袋。在操作道上、下各铺喷水管线一条,上部微喷管每隔 120 厘米处按"品"字形扎眼安装雾化喷头,下部放微喷喷头。早春栽培还应在大棚的顶部及四周全部覆盖一层塑料膜,用于保温、保湿和防止降雨过量。塑料膜上还需再盖上一层遮阳网(遮阳率 85%～95%),用于遮阳，防止晴天时温度过高。

（六）栽培前消毒

待立体吊袋大棚框架搭建完毕后，在地面上撒一层生石灰，防止杂菌发生。可在地面上垫一层草帘、遮阳网（或带孔地膜），防止喷水时泥沙溅到耳片上影响产品质量。处理完地面后，将大棚密闭，用菇宝熏蒸消毒。

二、吊袋栽培流程及管理

（一）菌袋开口及封口管理

将培养好的菌袋运进棚后，用开口机开口，一般开"1"字形、Y形或O形小口，开口直径0.3～0.4厘米，开口数量180～220个。推荐开"1"形口，单片率高、出耳齐。开口后将菌袋码垛，放在大棚内，一般4～5层菌袋高为佳，避免堆温过高。大棚覆盖遮阳网遮阳。保持散射光照射，使棚内空气相对湿度达到80%左右，持续5～7天，使菌袋菌丝封住出耳口。当出耳口形成黑色耳线之后可挂袋，进行出耳管理。

（二）吊（挂）袋

在棚内框架横杆上，每隔20～25厘米处，按"品"字形系紧3根（或两根）尼龙绳，并在绳的底部打结。然后把割口已封口的菌袋袋口朝下夹在尼龙绳上，然后在3根尼龙绳上扣上两头带钩的细铁钩（长度以5厘米为宜，也可采用塑料三角托），即可吊完一袋（图8-3）。第二袋按同样步骤将菌袋托在细铁钩上，以此类推，一直吊完为止。

一般每组尼龙绳可立体吊8袋。吊袋时每行之间应按"品"字形进行，袋与袋之间距离不宜少于20厘米，行与行之间距离不能少于25厘米。菌袋离地面30～50厘米，以利于通风，防止产生畸形木耳，影响产量和品质。为了防止通风时菌袋随风摇晃，相互碰撞使耳芽脱落，吊绳底部用绳连接在一起，并与固定在地面的锚具连接。

图8-3　吊袋方法

（三）催芽管理

大棚吊袋栽培黑木耳的关键是大棚内温度和湿度的控制，尤其是菌袋密集程度高的情况下要严格控制温度，防止高温烧菌。烧菌的菌袋一旦遇高温高湿很容易造成绿霉污染。

菌袋开始挂袋2～3天内，不可浇水。温度要靠遮阳网和塑料薄膜调节，使温度控制在20～25℃。通过向地面上浇水，使棚内空气相对湿度始终保持在80%左右。待2～3天菌袋内菌丝恢复后可以往菌袋上浇水，每天进行间歇喷水，使湿度达到90%。此阶段切忌浇重水，以保湿为主，每天通风2次，持续7～10天，直到耳芽形成至绿豆粒大小。

（四）耳片生长期管理

子实体边缘分化出耳片，并逐渐向外伸展（图8-4）。此阶段应逐渐加大浇水量，加大通风，喷水尽量喷雾状水。为保证耳片黑、厚，要适当控制耳片生长速度，原则上棚内温度超过25℃不浇水，早春一般在午后3时至翌日9时之前这段时间进行间歇喷水，5月后一般在午后5时至翌日7时之前这段时间浇水，使空气相对湿度始终保持在90%～95%。采取间歇式浇水，浇水30～40分钟，停水15～20分钟，重复3～4次。根据气温情况，一般浇水时放下棚膜，不浇水时将棚膜及遮阳网卷到棚顶进行通风和晒袋。正常情况下，喷水后通风，每天通风3～4次，天热时早晚通风，气温低时中午通风。温度高、湿度大时还可通过盖遮阳网、掀开棚四周塑料膜进行通风调节，严防高温高湿。

图8-4 黑木耳棚室吊袋耳片生长期

（五）采收

大棚内吊袋栽培黑木耳一般在3月下旬即可采收第一潮黑木耳，4月中、下旬采收第二潮黑木耳，比全光地摆栽培提前25～30天。当黑木耳耳片长到3～5厘米，耳边下垂时就可以采收。当黑木耳采收过半后应停水两天，将黑木耳晒干后再进行浇水，待耳片大部分长至3～5厘米，将黑木耳一次性采下。一般第一潮黑木耳每袋可采干耳20～25克，耳片圆整、正反面明显、耳片厚、子实体经济性状好。

（六）转潮管理

采取干干湿湿的水分管理方法。采收黑木耳后，将大棚的塑料薄膜和遮阳网卷至棚顶，晒袋 5 天左右，然后再浇水管理。晒袋管理是避免大棚吊袋黑木耳耳片发黄的关键措施。不见光、温度高、耳片生长速度过快是耳片黄、薄的主要原因。

第二潮耳管理方法与第一潮耳大致相同，加大湿度，干湿交替，加大通风是关键技术。

一般可采收 3 潮耳，产干耳 40～50 克/袋。

（七）菌袋落地采顶耳

待采完 2～3 潮耳后，如果菌袋仍然比较硬实、洁白，说明菌袋内的营养物质还没有完全转化完。这时可以将吊绳上的菌袋落地，在顶端用刀片开"＋"或"♯"形口，然后在棚内密集摆放，早晚浇水 4～5 次，每次浇水 1 小时，停 30 分钟。这样额外可以采干耳 5～10 克/袋。

第九章

春耳秋管技术

春耳栽培常常遇到这样的问题：进入7月中旬后，由于入伏气温高、温差小，这时继续浇水耳薄易烂，而许多菌袋还很白，也很硬，有很多营养没有利用。以往广大耳农这时对春耳菌袋就停止管理，秋后将菌袋拉回当燃料。通过技术人员摸索，以及吸取其他产区的实践经验，逐步形成了一套"春耳秋管技术"，即菌袋春季采收结束后进行袋顶划口或撕袋裸顶；伏天补水，秋后加大浇水，继续出耳管理。

一、技术优势

通过"春耳秋管技术"的应用，春耳菌袋可实现多收1～2潮耳，即多采收5～15克的优质秋耳，增产增收。该技术目前在黑龙江省牡丹江地区推广面积较大，应用效果较好。

二、管理技术要点

（一）菌袋开顶

7月下旬选择晴天在菌袋顶部呈"井"或"十"字形划口，划口深度0.5厘米左右，划口长度5厘米左右，也可将袋顶风化的塑料膜撕掉，开顶，见图9-1。

图 9-1　菌袋开顶出耳

（二）浇水管理

划口或撕袋后 3～5 天开始夜晚浇水，1～2 天浇水 1 次，每次 20～30 分钟。前期浇水目的是补充袋上部失去的水分，防止袋料分离。这时气温高，浇水不宜过大。8 月初，立秋时应增加浇水次数，每天 2～3 次，进一步补足袋内失掉的水分，修复菌丝并激发耳芽形成。立秋后继续增大浇水量，采取间歇性连续浇水，模仿下雨天的环境，气温高时夜间浇水，气温低时白天浇水。一般 8 月末转潮出耳。

春耳秋管也应干干湿湿，但要注意干短湿长，每次停水晒袋 1～2 天即可。这种管理方法能加快转潮和生长，提高产量。勤浇水、保证大湿度，春耳秋管一定能获得成功。

（三）采收

春耳菌袋秋管的木耳片小、耳厚，3～4 厘米即可采收，采大留小，能采 1～2 潮耳，一般要到上冻采收结束。

第十章
黑木耳长袋立架栽培模式

黑木耳长袋立架栽培模式（图 10 - 1）是指使用香菇菌袋的制袋工艺和出菇方式进行黑木耳生产的模式。具体而言，就是使用为 15 厘米×55 厘米（折幅×长度）的塑料袋装料，打穴接种，菌丝发满后，菌袋周身开 200 个左右的小孔，两排菌袋交叉摆放并斜靠在铁丝上进行出耳的模式。该模式主要在长江以南地区使用，如浙江、广西等地。一般利用冬季闲置的稻田作为出耳场地，搭建出耳架，进行出耳，春季出

图 10 - 1　长袋立架出耳栽培模式

耳结束后继续种植水稻，形成了"稻耳轮作模式"。

制袋工艺和发菌与前面几章讲到的短袋方法类似，相同之处不做详述，仅就不同之处着重说明。

一、栽培季节安排

以浙江地区为例，根据当地气候特点，可分为春季栽培和秋

季栽培。秋季栽培在 7 月中旬至 9 月底，随着海拔的升高栽培时间相应提早。海拔 800 米以上地区可在 7 月中旬开始制袋接种，平原地区一般选在 9 月制袋较为合适。春季栽培选在 11～12 月制袋。平原地区不适于春季栽培。

二、栽培流程及管理

（一）塑料袋的选择

选用高密度低压聚乙烯（HDPE）制作，筒袋呈白蜡状、半透明、柔而韧，抗张强度好。规格：折径 15 厘米，厚度 0.004 5～0.005 5 厘米（即 4.5～5.5 丝），每千克可做成 53～55 厘米长的袋 120～150 只。套袋的折径为 17 厘米，厚度为 0.001 厘米，长为 55 厘米。

（二）培养料配方

杂木屑 67.5%、麸皮 10%、砻糠 20%、红糖 1%（或 0.1%菇耳丰）、石膏 1%、石灰 0.5%，料水比为 1∶1.1，pH6～6.5。每 1 000 棒大约需木屑 573 千克、麸皮 85 千克、砻糠 170 千克、红糖 8 千克（或 0.1%菇耳丰 1 包）、石膏 8 千克、石灰 4 千克。适宜的培养料含水量为 52%～55%。一般每支标准栽培袋（15 厘米×55 厘米规格筒袋）的料重为 1.6～1.8 千克，高于 1.8 千克的含水量偏高，低于 1.5 千克的含水量偏低。

（三）装袋

拌料结束后应立即装袋，采用装袋机装料，1 台装袋机配 7 人为 1 组，其中铲料 1 人，套袋料 1 人，递袋 1 人，捆扎袋口 4 人。

1. **装料**　先将塑料袋未封口的一端张开，整袋套进装袋机出料口的套筒上，右手紧托，左手卡压住套筒上的袋子，当料从套筒源源不断输入袋内时，右手顶住袋头往内紧压，内外互相挤压，使料紧实，此时左手顺其自然后退，当装料接近袋口6厘米处，即可停止装料取出竖立。装袋松紧度以人中等力抓住培养袋，栽培袋表面有轻凹陷指印为佳。若手握栽培袋有凹陷感或袋内培养料有断裂痕迹说明填料太松；若栽培袋坚硬似棒，很硬，手握菌袋无凹陷感，则说明填料太紧。栽培袋搬运过程要轻拿轻放，装料场所和搬运工具需铺放麻袋或薄膜，防止料袋被刺破。为防止培养基发酵、胀袋，装袋要抢时间，最好在5小时内完成。另外，培养料的配制量与灭菌设备载荷量相匹配，日料日清，当日装完，当日灭菌。

2. **扎口**　按装量要求增减袋内培养料，左手抓袋口，右手将袋内料压紧，清除黏附在袋口的培养料，收拢袋口旋转至紧贴培养料，用纤维绳扎绕3圈，将袋口折回再绕2圈后从折回的夹缝中再绕2圈拉紧即可。该扎口法不仅速度快、省力，且灭菌中也不会出现胀袋现象，同时扎口的防杂菌的效果也比较好。传统的扎法是先绕2圈打死结，然后将袋折回扎紧。生产实践表明该扎法不仅费力，速度慢，而且扎口处易感染黄曲霉和链孢霉。扎好袋口后即可套上一只17厘米×55厘米×0.001厘米（折幅×长度×厚度）的套袋，袋口用绳扎活结。

（四）灭菌

黑木耳产区灭菌灶有砖砌灶、木板灶、铁灶，也有塑料薄膜灶。近年来也开始使用灭菌柜。

1. **料袋堆叠**　料袋堆放要合理，一是堆放能确保蒸汽畅通，温度均匀，灭菌彻底。二是防止栽培袋码垛倒塌。

2. **温度调控**　灭菌开始时，火力要旺。争取在最短（5小时以内为佳）时间内使灶内温度上升至100℃，以防升温缓慢引起培养料内耐温的微生物继续繁殖，引起酸败。只有当灶下部料袋温度达到98℃以上才可以开始计时，保持12～16小时，中间要匀火烧，不能停火，锅内水分不足时应加80℃以上的热水。补充水的温度低于 80 ℃，易使灶内温度下降影响灭菌效果。

3. 出锅冷却　灭菌结束后，应待灶内温度自然下降至 80 ℃以下再开门，趁热把料袋搬到冷却室冷却。这样可以减少塑料袋胀袋。冷却时 4 袋交叉排放，每堆 8～10 层，待料温降至 28 ℃以下，用手摸无热感时即可接种。对于冷却场地大又很通风的地方，最好在料袋上盖薄膜以防落上灰尘，影响接种成品率。

（五）接种

目前栽培袋接种方式有两种：一种是用接种箱法，另一种是开放式接种法。接种箱法具有接种成品率高、效果稳定，受限制少等特点，缺点是速度较慢，每人每小时接种量为 30～40 袋。开放式接种法具有接种速度快，工作效率高，每人每小时接种数在 60～160 袋，比接种箱接种提高 1～3 倍，缺点是技术要求较高，否则接种成功率不够稳定，其次是灭菌药品用量大。

1. 接种箱法

（1）接种箱清洗　应在开始接种前将接种箱清洗干净，然后用消毒药品进行空箱消毒。如气雾消毒剂，每立方米用 8 克点燃消毒。

（2）菌种处理　袋装菌种的处理，将菌种放入消毒药液（0.2％的高锰酸钾，300 倍克霉灵等）中浸泡数分钟取出，用利刃在菌种上部 1/4 处环绕一圈，掰去上部 1/4 菌种及颈圈、棉花部分，将剩余 3/4 的快速放入箱内即可。

（3）瓶装菌种处理　将瓶装菌种浸入消毒药液水中数分钟，取出菌种瓶，等药液稍干后放入接种箱内即可。

（4）进料　先将灭菌冷却后的栽培袋搬至箱内，同时将打穴棒、菌种、酒精药棉等物品带入。

（5）接种箱灭菌　现基本采用气雾消毒剂灭菌，用量为每立方米（箱）4～8 克。气温高时，接种箱的密闭性能不太好的每箱用 6～8 克。气温低时，密闭性好的箱子每箱用 4～6 克。时间为 20～30 分钟。

(6) 打穴接种 双手用清洁的水洗净，伸入接种箱内，用 70%～75%酒精棉球擦洗双手后，然后把打穴棒（木制、铁制）擦洗消毒，并点燃酒精进行灼烧灭菌，完毕后可以开始打穴接种。解开套袋扎绳，拉出栽培袋，在栽培袋表面均匀打 3～4 个接种穴，直径 1.5 厘米左右，深 2～2.5 厘米，打穴棒要旋转抽出，防止穴口膜与培养料脱空。接种时取菌种块，用手分块塞入接种穴，要求种块与穴口膜接触紧密。逐孔接好后，套好套袋扎好袋口即可，换接另一袋。

2. 开放式接种法 该方法是近年来为适合单户种植数量增加，在接种箱法基础上改进来的一种接种法。现在大规模生产中也同套袋方法结合作用，但需严格无菌操作。

(1) 栽培袋冷却 开放式接种法的冷却场所即为接种场所，因此冷却场所必须相对密封，卫生条件较好的环境，面积不超过 50 米^2。若空间太大，则应挂接种帐篷（用 8 丝农用薄膜制成的 2 米×2 米×2 米的薄膜帐），将已灭菌的栽培袋搬入接种室，数量为 1 000～2 500 袋，冷却过程中注意保持栽培袋不受或少受外界不洁空气的影响。

(2) 消毒 将菌种及其他物品放置栽培袋堆上，然后用气雾消毒剂 4～5 盒（160～200 克）点燃，并用薄膜把栽培袋覆盖严密，尽量不要让气雾消毒剂的烟雾逸出来，消毒时间 3～6 小时。

(3) 接种前放气 开放式接种先把房门打开，用塑料棚帐式接种的则可把帐门打开，再将覆盖栽培袋的薄膜掀开一部分，一直放到接种人员能够忍受消毒后的气味，即可进行接种。接种时实行开门操作，以减缓室内温度升高。菌种预处理、接种方法同接种箱法。

(4) 接种后的管理 接种后应将残留的菌种碎屑清理干净，并通风换气，补充新鲜空气，然后将薄膜重新覆盖在菌袋堆。每天清晨或夜里掀膜 1 次，5～7 天菌种成活定殖后即可去膜或去篷。实践表明，这样做可大大提高成活率。

（六）养菌

温度、氧气、光照是影响菌丝生长的最主要因素。

1. 发菌场地的要求 发菌场地要求通风、干燥、光线暗。采用开放式接种可以就地接种，就地发菌。

2. 菌袋的堆放 菌袋的堆放方式较多，其差异在于堆温、通气的调节程度不一。刚接种后的菌袋可以采用一层 4 袋"井"字形排放，注意接种孔要朝向侧面，防止接种口朝上或朝下因菌袋堆压造成缺氧及水渍导致死种。也可以采用柴片式堆放方法，这种方法要注意对含水量较多的菌袋，接种孔朝上，不能朝下，防止菌种因水渍而不能萌发。层高一般 6～8 层，每行或每组之间留 50 厘米的通道。

3. 温度管理 菌丝生长以 25～28 ℃最好。前期培养要以防高温措施为主，早晚打开门窗通风，上午 9 时至下午 4 时关闭门窗，防止中午热空气的进入。同时门窗应挂遮阳网等物遮阳，防止太阳直射。后期养菌，气温下降较快时要以增温措施为主，早晚关闭门窗，通风安排在中午，以提高堆温。

4. 湿度管理 前期空气湿度宜掌握在 70％以下，湿度高可在地面撒生石灰吸湿降低湿度，湿度高不仅有利于杂菌的滋生繁殖，而且会影响空气中的含氧量而影响菌丝生长；后期应掌握在 70％～80％，这样可以减少菌袋的失水量。

5. 通风管理 黑木耳为好氧性真菌，它是目前人工栽培对氧气较敏感的菌类，在整个培养过程中要确保菌袋周围空气流通新鲜，一方面要加强房间通风换气，另一方面要结合堆内翻堆，调整堆内小气候。一般每隔 15 天左右翻堆 1 次，如发现有杂菌污染要及时处理。

6. 光照控制 黑木耳菌丝生长阶段不需光线，光对黑木耳菌丝有刺激作用，能促进耳芽形成，影响菌丝体正常生长。因此，培养时要提供黑暗条件。

7. 翻堆 翻堆即把垛堆上下、里外的菌袋互相对调，翻堆的目的是促进发菌平衡。翻堆可以与杂菌检查结合进行，菌袋在菌丝培养阶段要翻堆 2～4 次。第一次翻堆一般在接种后 7～10 天，发现杂菌污染或死种要及时处理，视天气情况调整堆形，随着发菌范围扩大，呼吸作用越来越强，要注意散堆和通风换气，降低堆叠层数。以后可隔 10～15 天结合解套袋口、脱套袋、刺孔通气等措施进行翻堆。

8. **刺孔养菌** 在适宜情况下，菌丝经过 2 个月左右培养基本发透。菌丝发透后要进行一次刺孔，一般孔直径 2～3 毫米，孔深 5 毫米。可用 6.6～8.3 厘米圆钉制成钉板打孔；每袋打9～10 行，200～300 个孔为宜。孔打好后，一定要采用三角形或"井"字形堆放，有利散热及空气流动，及空气流通。同时，打开所有门窗，创造良好的通风和光照条件，有利菌丝恢复及生理成熟。刺孔养菌时间一般为 7～10 天。

（七）排场见光

菌袋刺孔养菌有小量耳芽形成后，即进入排场见光培养阶段。这一阶段主要是进一步促进生理成熟，耳芽分化。排场见光 7～10 天。

1. **场地选择** 水源充足，用电方便，通风，光照时间长，排灌方便。老场地应进行翻耕暴晒，喷洒杀菌剂消毒。杀菌剂可用石灰。另外，对整个场地还要喷施杀虫剂。

2. **耳床搭建** 大田耳床用木柴或竹竿搭成，宽 1.2～1.3 米，高 0.25 米，长度不限，横杆行距 0.25～0.30 米，耳床四周挖好排水沟。

3. **菌袋排场** 将菌袋搬至场地摆放在横杆上，每条横杆放置 6～7 袋。采用露天方式，接受自然光照催耳。但排场时的气温应稳定在 25 ℃以下为宜。

（八）出耳管理

出耳管理这一阶段的重点是水分管理。

1. **水分管理** 脱袋后 2～3 天，采用水雾喷带调控基质和空间湿度。喷水的原则是干干湿湿，喷水要求细喷、勤喷。喷水的标准是看耳片状态定量。长耳时期，确保耳片膨胀湿润、鲜嫩。耳片干缩营养吸收受阻，影响耳片生长；耳片过湿，影响空气吸收。特别是在温度高于 28 ℃ 时容易流耳、烂耳。通过喷水保持耳片湿润，一般可在每天上午 10 时至下午 4 时进行连续喷雾。但温度高时，一般在 25 ℃ 以上要早晚喷为宜。采耳前 1～2 天停止喷水。每批黑木耳采收后停止喷水 1 周左右，以利基内菌丝恢复。待新耳基形成后，再按第一潮出耳的方法进行管理。

2. **环境条件** 要求光照充足，空气流通。整个场地一般情况下露天，仿段木栽培。只有连续下雨的情况下，需采用薄膜避雨，防止流耳。

3. **技术关键** 创造促进菌袋菌丝健壮和有利耳片长大的条件。菌袋菌丝生长在适温的情况下，主要是掌握好水分和氧气两个可变因素。菌袋水分或氧气不足，菌丝长势衰弱，难以形成原基，已形成原基的难长大。菌袋基质水分适宜，但空间湿度低于 80%，耳片容易失水变干，耳片一旦干后就难以生长。要获得高产就必须采取干干湿湿的水分管理策略，这种干湿交替的策略有利菌丝健壮生长。空间通过微喷调控空间的空气湿度，保持耳片正常膨胀，有利耳片生长。

（九）采收

采收前 1～2 天要停止喷水，采耳时不要将耳根留在菌袋内，同时采摘黑木耳时耳根不要带出培养料。采下的耳片要清理干净，丛生呈朵状的要按耳片要及时撕成单片状，以此提高商品价值，然后晒干。晾晒时耳片朝上，耳根朝下，未干时不要随便翻动。若遇阴雨天，采用塑料布遮雨，避免未干时将耳片攒堆收集造成拳耳。

第十一章

段木黑木耳栽培技术

一、耳场选择

排放耳架的地方称为耳场。耳场环境的好坏直接关系到黑木耳的生长发育和最后的产量。耳场最好选在避风向阳、多光照、温度较高、湿度较大、空气清新、靠近水源又不易受水害的沙质地面或平坦草地；也可选择在能引水自流喷浇的小型水库、池塘的下方。如果把耳场选在稀疏林下、果园行间，也较为理想。实际操作中，耳场最好选在背北面南避风的山坳，这种地方每天光照时间长，日夜温差小；早晚经常有云雾覆盖，湿度大，空气流通，最适宜黑木耳的生长发育。选场时，还应靠近水源，有利于人工喷灌，坡度以 15°～30°为宜，切忌选在有白垩土、铁矾土之处。

耳场选好后，首先应进行清理场地工作，砍割灌木、刺藤和茅草，清除乱石及枯枝烂叶。但场地上长的羊胡草、草皮、苔藓等不要铲除，以防止水土流失和保持耳场的湿润。若在林间出耳，把场内过密的树木进行疏伐，并割去灌木、刺藤及易腐烂的杂草，只留少量树冠小或枝叶不太茂密而较高的阔叶树，到夏季用以适当给耳架遮阴。平整场地，挖好排水沟，在有条件的地方，最好在冬季火烧耳场，同时施用漂白粉、生石灰等药物消毒，清除越冬杂菌和害虫，以减少来年病虫害的发生机会。

二、耳树的准备

(一) 耳树的选择

1. **树种选择**　适合黑木耳生长发育的树种很多。但要因地制宜，选用当地资源丰富，又容易长黑木耳的树种，除含有松脂、精油、醇、醚等树种和经济林木外，其他树种都可栽培黑木耳。一般情况下，绝大多数阔叶树种都可用于栽培黑木耳。由于不同树种的木材结构和养分含量不同，致使黑木耳的产量和质量也有差别。即使是同一树种，因树龄不同其产量也大有差别。因此，应尽量选择适宜黑木耳生长需要的树木来栽培，以达到高产、优质的目的，获得较高的经济效益。

适宜栽培黑木耳的树种应该边材发达，树皮厚度适中、不易剥落，如柞树、槲树、栗树、桦树、榆树、椴树、胡桃楸等都可以用来栽培黑木耳。

通常，质地坚硬的耳树，由于组织紧密，透气性及吸水性差，菌丝蔓延慢，出耳略迟，但一经发生便可收获数年。质地疏松的耳树，透气性好、吸水性强，因而菌丝蔓延快、出耳早，但树木不耐久，易腐朽，生产年限短。

2. **树龄选择**　在选择耳树时，一般应选 7～15 年生，直径在 10～15 厘米粗的耳树。对于生于阳坡和阴坡的树应区别对待。砍伐的树龄，生于阳坡的 7～8 年，生于阴坡或土质较差的 8～10 年。

(二) 耳树砍伐

1. **耳树砍伐期确定**　耳农习惯是"进九"砍树，即一般在冬至到立春休眠期间砍伐。一般来讲，从树叶枯黄到新叶萌发前都可进行砍伐，因为这个时期正是树木休眠期，树体内的养分正处于蓄积不流动状态，水分较少，养分最丰富而集中，这就叫砍

"收浆树"。同时，这个期间砍的树，韧皮部和木质部结合紧密，伐后树皮不易剥落，可保护菌种定殖，因而接种成活率高，利于黑木耳的生长发育。另外，这一时期气温低，树上害虫和杂菌少。

2. **砍伐方法** 一般要求留低茬，比地面高出 10～15 厘米，从树干的两面下斧，茬留成"鸦雀口"，这样对于老树兜发枝更新有利，既不会积水烂芽，也不会多芽竞发，影响树兜更新。砍时主张间伐，不主张地毯式砍伐，这样既有利于保护幼树，又利于水土保持。

（三）剔枝截段

1. **剔枝** 把原木上的侧枝削去称为剔枝。树砍倒后，不要立即剔枝，留住枝叶可以加速树木水分的蒸发，促使树干很快干燥，使其细胞组织死亡，同时有利于树梢上的养分集中于树干。10～15 天后再进行剔枝。剔时，要用锋利的砍刀或锯沿树干从下而上贴住树干削平，削成"铜钱疤"或"牛眼睛"，削口要平滑，不能削得过深，伤及皮层。削后的伤疤，最好用石灰水涂抹，防止杂菌侵入和积水，还便于上堆排场。

2. **截段** 为了便于耳木的上堆、排场、立架、管理和采收，同时放倒耳木时便于贴地吸潮，应把太长的树干一棒截成 1 米长的短棒（图 11-1）。截时用手锯或油锯截成齐头，用石灰水涂抹，防杂菌感染。

（四）架晒

目的是让耳木干燥到适合接种的程度。架晒时要把耳木按粗细分开，以"井"字形堆垒在通风、向阳、地势高燥的地方。堆高 1 米左右，上面和向阳面盖上枝叶或茅草，防止暴晒而致树皮脱落。也可堆在室外阴凉处，使其适当干燥。每隔 10～15 天翻堆 1 次，一般经 1 个月左右，使耳木比架晒前失去三四成水分，

图 11-1　截干好的木段

即可进行接种。一般直观判断的标志是耳木两端断面呈现少量鸡爪纹（图 11-2）。

图 11-2　鸡爪纹

过于干燥的耳木，接种后成活率低，应在接种前先放在清水中浸泡数小时或 1 天，吸收补充部分水分。取出后，再晾晒 2～

3 天，使树皮干燥而内部含有适量水分。达到外干内湿，以利接种后发菌。

三、人工接种

接种就是把人工培养好的菌丝种点种到架晒好的木段或耳木上，使它在木段内发育定殖，长出子实体来，这是黑木耳人工栽培最关键的一道工序，是生产上的一项重大的技术革新，极大地提高了黑木耳栽培的成功率。

（一）接种时间

一般在气温稳定在 5℃ 左右时，即可进行。结合当地气候，春季一般从 2 月底至 5 月上旬，秋季在白露至寒露之间都可进行。早接种，气温低，菌丝生长缓慢。晚接种，出耳时间相应推迟，不利于增产。早春接种时，最好选择雨后初晴、空气相对湿度大、气温较高时进行。

（二）接种密度

应根据耳木粗细，材质的松紧来调整，一般穴距 10～12 厘米，行距 6～8 厘米较为适宜。因为菌丝在段木中纵向生长快于横向生长，所以穴距应大于行距，以使菌丝均匀地长满段木。一般硬杂木，材质紧，应适当密植。反之，软木质地松，植菌时可稍稀一些。接种时邻行的穴位应交错呈"品"字形或交错成梅花形。耳木的两端接种或点种密度要大，让菌丝很快占领阵地，避免杂菌侵入。点种的深度，以透过树皮进入木质部 3～4 厘米为宜。

（三）菌种类型

所用菌种有木屑菌种和木楔菌种。木屑菌种有锯末种、颗粒种之分，主要依据木屑直径划分。木楔（塞）菌种依据木楔的形状有枝条种、三角木种之分。

(四) 打孔及接种工具

常用的有电钻（图 11 - 3）、手摇钻、皮带冲、铁锤等。接种时，视其不同种型，选用不同工具，如枝条种、三角木种可用砍花斧砍口，把锯末和枝条或三角木共同塞入砍口内，用斧背轻轻打紧，以不脱落为原则；锯末种、颗粒种，可用直径 10 毫米手电钻、打孔机或空心冲子打眼，把菌种塞入孔内，用树皮盖盖上，轻轻打紧。

图 11 - 3　使用电钻打孔

(五) 接种操作

接种时（图 11 - 4），首先对耳场和耳木进行消毒（用消毒药品或火烧即可），对所用工具用酒精或开水消毒，工作人员可用肥皂水洗手保持卫生。选择阴凉处进行，不要让阳光直射菌种，以防菌种干燥，影响成活率。切忌下雨天进行。接种后的耳木两头截面用石灰水涂抹，以防杂菌侵入。在整个接种过程中都要注意清洁，以免杂菌侵染。

使用木屑菌种时，为保证成活率，可以使用树皮或玉米芯封口。若使用树皮封口，接种前应先备足树皮盖，可用皮带冲在另一树木上冲出，树皮盖应较耳穴大2～3毫米。接种时，首先用酒清消毒的镊子将菌种面的菌膜揭去，再将菌种从瓶内挖到干净的容器中。注意不要使菌种太碎，应尽量保持小块状，以利于接种后恢复生长。接种时，耳穴塞进菌种，装平后轻轻压实，使菌种与穴内壁接触，然后盖上一个树皮盖，用锤子敲紧。如无树皮盖，可用泥盖封穴。和泥时，可用黏性黄土和锯末按1：(1～2)的比例混合，混好后即可使用。使用木屑菌种时要求耳穴深1.5～2厘米，穴径为1.5厘米。

图11-4 接种操作

近年来，经过摸索，耳农逐步开始使用漏斗和小棒进行木屑菌种的接种。接种时，将揉碎的木屑菌种放入漏斗中（图11-5），再将漏斗小口正对接种孔，塞入接种孔少许，使用比漏斗口稍细的小棒（直径大约1.5厘米）上下活动，将木屑菌种捅入接种孔中，塞紧。

使用木塞菌种时，木塞的大小由耳穴的大小而定，一般木塞长为1.5～2厘米，塞径1.2～1.5厘米。接种时将木塞对准穴孔

图 11-5　简易塞种工具

用小锤敲入，并要求接种后的木塞要与树皮的表面相平。

四、培养管理

（一）上堆发菌

接种时，由于菌种被切割或震动，菌丝受到损伤，生活力有所降低。为使菌丝尽快恢复生长，接种后把段木堆积在适宜的温度和湿度条件下，使菌丝在段木中萌发、定殖和生长，这一过程称为上堆发菌（图 11-6）。其方法是：先选好上堆地点，把杂草清除，洒少许杀虫药剂或漂白粉，耙入土内，然后将接种好的耳木平放堆起，堆成"井"字形或鱼背形都可，堆高 1 米左右，耳木间留有适当空隙，以便通风换气。堆的上面和四周盖上树枝、茅草或塑料膜，防晒、保温、保湿。堆内温度应保持 22～32 ℃，湿度保持 60％～70％。温度过高时，可将周围薄膜揭起通一次风，使温度降下即可。每隔 10 天左右的时间，进行一次翻堆，即上下内外全面进行一次翻动，使堆内耳棒的温度、湿度经常保持均匀。第一次翻堆不必洒水，以后每翻一次应根据耳木的干湿程度洒一次水。若有机会可接受雨淋，不用人工喷水，效果更好。1个月左右时间菌丝即可定殖。

图 11 - 6　上堆发菌

（二）散堆排场

1. **散堆排场的目的**　一般经 3～4 次翻堆，菌丝已长入耳木，耳木上会有少量耳芽发生，这时便可散堆排场（图 11 - 7）。其目的是使菌丝向耳木深处迅速蔓延，并促使其从营养生长转入生殖生长阶段。一般春天接种，早秋即可出耳。耳木排场方法有枕木式、接地式、百足式、覆瓦式等，排场的目的是使耳木贴近地面，吸收地上的潮气，同时接受自然界的阳光雨露和新鲜空气，改变它的生活环境，让它很快适应自然界，促使菌丝进一步在耳木内迅速蔓延，从生长阶段转入发育阶段。

2. **排场的方法**　把耳木平铺在地面上，全身贴地不能架空，每根间距 2 指。场地最好有些坡度，以免下雨场地积水淹了耳木。

有些气候适宜的地区在用段木栽培黑木耳时，接种后不经上堆发菌阶段，直接排场效果也很好。

3. **排场后管理**　如果湿度不够，则应在晴天早、晚各喷 1

图 11-7　排　场

次细水。每隔 10 天左右的时间进行一次翻棒，即将原贴地的一面翻上朝天，将原朝天的一面翻下贴地，使耳木吸潮均匀，避免喜湿的杂菌感染。经 20～30 天，耳芽大量发生时，便可起架管理。

（三）起架管理

1. **立架目的**　当耳芽长满耳棒后，说明了菌丝的生长发育已进入结实阶段，这时正需要"干干湿湿"的外界条件，立架后可以满足它的需要，并可减少那些不适应这种条件的杂菌和害虫。

2. **立架的方法**　起架时，一般多采用"人"字形架，即先支起一根横木做横梁，离地 50～60 厘米，两头用带杈的树枝子撑住，然后将耳木按"人"字形依次交叉斜放在横木两旁。立木角度 45°为宜。每棒间距约 6.6 厘米。每架以 50 根棒计算产量。

3. **立架后管理**　上架后的管理工作是很重要的，俗话说"三分种，七分管""有收没收在于种，收多收少在于管"，说明了管理工作的重要性。管理工作，主要包括除杂草、防杂菌、杀害虫，调节温湿度、空气和光照。在出耳管理阶段，要努力创造黑木耳生长发育的适宜条件。温度、光照、湿度和通风要协调，保持"干干湿湿"的外界条件，这是黑木耳能否高产的关键。

(1) 温度管理 黑木耳子实体形成的最适温度为 22~24 ℃，在实际栽培中一般在温度 10 ℃以上就可出耳。因此，在栽培时应尽量满足它对温度的要求。低温不出耳，高湿易发生"流耳"，所以在盛夏酷暑时节应尽量设法降低耳木温度，采用早晚勤喷水、遮盖树枝等方法。忌中午炎热时喷水。

(2) 湿度管理 湿度是黑木耳生长发育的主要条件之一。在不同季节、不同阶段、不同海拔高低和不同的发育期，对湿度的要求均有明显的不同。例如：长耳阶段要大量供水，促进子实体发育；当一批黑木耳采收后要让耳木干燥半个月左右，使长了耳的菌丝在耳木中有一个较长时间的休息，有利于菌丝向木质部深扎，吸收养料。综上所述，也就是使耳木具有一个干干湿湿、干湿更替的条件来获得优质高产的黑木耳。

起架阶段的管理关系到黑木耳的产量和质量，栽培场的温度、湿度、光照和通气必须协调，但是其中心内容仍是水分管理。

待大部分耳片成熟时，即可停止喷水。在太阳晒干耳木后又回润进行采收。每次采收后，应停止喷水，让阳光照晒耳木 3~5 天，使耳木干燥，断面出现细毛裂缝。在这期间，菌丝恢复生长，并向耳木的更深层蔓延，吸收新的养分，以供给下一潮子实体的生长。一段时间的干燥不仅有利于菌丝的生长，也可防止杂菌滋生。干了几天以后再进行喷水管理，第一次要喷足，使耳木湿透，以后再连续喷水，这样可产生大量耳芽。采取这种方法，在 5~9 月，一般每隔半月即可采收一茬黑木耳。

人工喷水抗旱时，应注意水质，要使用洁净的水，不用工厂的废水和含有害物质的水，以及含漂白粉过多的自来水。如遇久雨，黑木耳不能及时采下，而发生流耳，可考虑搭建较高塑料大棚，以规避连阴雨天气带来的不利影响，减少或不发生流耳现象。

相邻耳木间应留 5~7 厘米的空档。架与架之间设置管理作业道，横木宜南北向放置，耳木两边受光均匀。耳木要经常换面，以利出耳。一些地方耳木排场后，不经过起架这一阶段，直接出耳。这一方法，特别适于干旱地区。

喷水的原则，一般为晴天多喷，阴天少喷。气温高时多喷（避开中午前后，以免高温高湿造成烂耳），气温低则少喷。硬木或新耳木可多喷，软木或老耳木则应少喷、勤喷。水质要清洁，喷得要细，以利于耳木吸收及增加空气湿度。

耳芽产生后，木耳渐渐长大成熟，应及时采收，采收前一天停水，采后耳木晒3～5天，然后再喷水管理，不久又会产生大量耳芽。

夏天中午要尽量避免强光直射耳架，冬季将耳木放倒，让它贴地吸潮、保暖，促使来年早发芽、早结耳。

(3) 光照管理 黑木耳子实体的发生和生长需要一定的直射光。光线的强弱直接影响到黑木耳质量。根据北京的气候条件，一般要求日照必须在5小时以上较好。除炎热、十分干旱的季节需要适当遮阳外，其他季节均不需遮阳。

(四) 采收及晾晒

黑木耳成熟的标准是耳片充分展开，开始收边、耳基变细，颜色由黑变褐，此时即可采收。

1. 采收策略 凡已长大成熟的黑木耳，要及时采收晒干保存。要勤采、细采，确保丰产丰收（图11-8）。因其生长期长，不同季节生长的黑木耳，采收方法有所不同。入伏前所产黑木耳称为春耳，朵大肉厚，色深、质优、吸水率高。立秋后产的黑木耳称为秋耳，朵形稍小，吸水率也小，质量次之。春耳和秋耳采大留小，分次采收，让小耳长大后再采。小暑到立秋所产的黑木耳叫伏耳，色浅肉薄，质量较差，可按潮次，大小一齐收，因为此时气温高、雨水多、病虫多、易造成烂耳。

2. 采收时间 黑木耳最好在雨后初晴，耳片收边时采收，

图 11 - 8 采收段木木耳

或晴天早晨，露水未干，耳片潮软时进行。

3. **晾晒** 采收下来的黑木耳要放在晾晒网、苇席或竹帘上翻晒，一次晒干。倘若晴天，1 天即可干燥。晒时不宜多翻，以免造成拳耳。如遇连阴雨天，首先应采取抢收抢采的办法，把采回的湿耳平摊到干耳上，让干耳吸去一部分水分，天晴后再搬出去晒干。如果抢收不过来时，可用塑料薄膜把耳架盖住，不让已长成的黑木耳再继续淋雨，造成流耳损失。

五、越冬管理

段木栽培黑木耳，当年即可采收，通常一年半至二年采收完毕。每年冬天，黑木耳便停止生长，进入越冬休眠期。在北方气候寒冷，冬天积雪不化，应将耳木卧于地面，在雪地里过冬，至翌年 3～4 月气温回升时，再重新起架管理。南方冬季气温较高，耳木也可以自然过冬。干旱天气，应向耳木适当喷水。对于质地坚硬的耳木，也可采用排场过冬。

附 录
APPENDIX

黑木耳生产口诀

一、代料木耳生产口诀

　　育耳浇水第六关，依温浇水看天气，干湿交替耳片厚，及时采收莫流耳。晾晒干制第七关，耳片定型是关键，初期晾晒要铺厚，半干未干少翻动，耳片半干要攒堆，干后保存记密封。

木耳种植并不难，

生产工艺像闯关。

搅拌装袋第一关，

搅拌之后测酸碱，

菌袋松紧不一般。

上锅灭菌第二关，

保证温度与时间，

切忌灭透不偷懒。

接入菌种第三关，

环境消毒是关键，

接入菌种量要足，

放少菌种不省钱。

入棚培养第四关，

看住温度莫偷懒，

保证通风与换气，

注意观察上下翻。
割口催芽第五关,
保证湿度是关键。
育耳浇水第六关,
依温浇水看天气,
干湿交替耳片厚,
及时采收莫流耳。
晾晒干制第七关,
耳片定型是关键,
初期晾晒要铺厚,
半干未干少翻动,
耳片半干要攒堆,
干后保存记密封。

二、段木木耳生产口诀

(一)备棒与选场

进九晴天把树砍,砍倒耳树顶向山,间隔半月再剃枝。
截干抢在春节前,断口消毒刷石灰,段木干燥裂纹现。
耳场选择要适当,土质肥沃坡向阳,二荒地做耳堂好。
丝茅草坡地方好,切莫选在枯沙岗,浸水滩里更遭殃。
阴坡深沟也不行,背风向阳作耳堂,放火烧场效果好。

(二)点种与发菌

春分前后作准备,雨后初晴点种好,来年丰产有保障。
点种莫忘消毒关,合理密植两寸*半,耳眼宜深不宜浅。
打穴要过八分关,枝条菌种要装紧,当天点种当天堆。
温低采用薄膜盖,清明改覆茅草帘,谷雨前后菌点完。
温度保持 22～28℃,湿度要求 70%～80%,烈日天气要降温。

---

* 非法定计量单位,1 寸约为 3.33 厘米。

湿度偏大要通风，发生杂菌可日照，七天翻堆要记牢。
二次翻堆补足水，发菌后期可淋雨，控制温湿要细心。
勤查细检莫遗漏，上堆发菌莫轻看，此是成功之关键。

（三）排场与立架

发菌将近一个月，菌丝定殖把场排，场地要防病虫害。
排场棒间要留隙，直射阳光要遮挡，避免树皮晒开裂。
喷水根据气候定，排场吸潮十天翻，立架管理常转面。
排场要把场地选，石灰瓦场勿放杆，因地干燥难高产。
酸碱性大长耳难，红黄土上勿排干，盐碱地上也勿放。
耳场若在阴坡地，要获优质高产难，请你快往阳坡搬。
耳场卫生不可忘，茅草乱石全清除，还要挖沟排积水。
土洋结合搞喷灌，春秋季节中午洒，夏天炎热早晚喷。
三种七管要牢记，偏干养菌湿育耳，湿湿干干能增产。
耳木越冬始霜降，减少冻害保温湿，清明起架产量高。

（四）防病虫与采耳

防虫除害勿等闲，杂菌露头可用药，杂菌太多应烧杆。
采收要看天好坏，摘大留小在晴天，采次留好在雨天。
春秋采大留小耳，伏天大小都摘完，质好要把边耳采。
采后晒棒七八天，朵朵耳子汗水换，勤管细收要耐心。
学了技术才能干，理论实践相结合，木耳一定夺高产。

参考文献
REFERENCES

陈士瑜，1988. 食用菌生产大全 [M]. 北京：农业出版社.

杜中涛，王茜，王世东，2004. 春季地栽黑木耳栽培管理技术 [J]. 农学学报，27（8）：30 - 31.

樊一桥，武谦虎，盛健惠，2009. 黑木耳多糖抗血栓作用的研究 [J]. 中国生化药物杂志，30（6）：410 - 412.

黄年来，林志彬，程国良，等，2010. 中国食药用菌学 [M]. 上海：上海科学技术文献出版社.

黄毅，1988. 食用菌栽培 [M]. 北京：高等教育出版社.

李兴泰，高明波，2004. 黑木耳多糖清除活性氧及保护线粒体 [J]. 食品科学，25（1）：171 - 173.

李玉，2001. 中国黑木耳 [M]. 长春：长春出版社.

卢礼琴，2012. 黑木耳段木栽培技术 [J]. 现代农业科技 （13）：105 - 105.

栾泰龙，李淑玲，2015. 黑木耳棚室立体栽培技术要点 [J]. 特种经济动植物 （10）：39 - 40.

任建平，2015. 黑木耳优质高产栽培技术 [J]. 中国林副特产 （3）：66 - 68.

阮淑珊，阮毅，翁赐和，2005. 南方黑木耳袋料栽培新技术 [J]. 中国食用菌，24（5）：36 - 36.

申建和，陈琼华，1987. 黑木耳多糖、银耳多糖、银耳孢子多糖的抗凝血作用 [J]. 中国药科大学学报 （2）：137 - 140.

王延锋，戴元平，徐连堂，等，2014. 黑木耳棚室立体吊袋栽培技术集成与示范 [J]. 中国食用菌 （1）：30 - 33.

吴宪瑞，孔令员，淦洪，1996. 黑木耳多糖的医疗保健价值 [J]. 林业科技 （3）：32 - 33.

姚方杰，张友民，陈影，等，2011. 我国黑木耳两种主栽模式浅析 [J]. 食药用菌（3）：38－39.

朱正霞，2013. 黑龙江东宁县黑木耳春耳秋管栽培技术［J］. 中国园艺文摘，29
（7）：184－185.

宗灿华，于国萍，2007. 黑木耳多糖抑制肿瘤作用的研究［J］. 中国医疗前沿，
2（12）：37－38.

图书在版编目（CIP）数据

黑木耳栽培实用技术／池美娜，贺国强主编 . —北京：中国农业出版社，2020.8
ISBN 978-7-109-26046-7

Ⅰ.①黑… Ⅱ.①池… ②贺… Ⅲ.①木耳－栽培技术 Ⅳ.①S646.6

中国版本图书馆 CIP 数据核字（2019）第 247267 号

中国农业出版社出版
地址：北京市朝阳区麦子店街 18 号楼
邮编：100125
责任编辑：黄　宇
版式设计：王　晨　责任校对：刘丽香
印刷：中农印务有限公司
版次：2020 年 8 月第 1 版
印次：2020 年 8 月北京第 1 次印刷
发行：新华书店北京发行所
开本：850mm×1168mm　1/32
印张：5
字数：125 千字
定价：25.00 元

版权所有·侵权必究
凡购买本社图书，如有印装质量问题，我社负责调换。
服务电话：010-59195115　010-59194918